U0347090

编委会

前　言

传统的植物育种主要依赖育种家对植株表型的选择。环境条件、基因互作、基因型与环境互作等多种因素均会影响植株表型选择的准确性，从而影响育种效率。培育一个优良品种往往需要花费几年甚至十几年时间，如何提高选择效率是育种工作的关键。近年来，随着分子生物学和基因组学的快速发展，现代分子设计育种应运而生。由传统育种过渡到现代分子设计育种后，研究人员可以利用已掌握的植物表型与基因型相关信息对表型进行选择。分子设计育种包括前景选择和背景选择，其中前景选择建立在基因定位和数量性状位点（QTL）作图的基础之上，其可靠性取决于标记与目标基因之间的连锁程度，标记与目标基因之间连锁越紧密，则标记辅助育种的准确率越高；而背景选择主要指遗传背景的恢复、育种材料间的遗传距离、亲缘关系分析等。

随着基因分型成本的快速降低和统计方法的快速发展，基因组标记密度越来越大，对复杂性状的基因的分析和操控更有效，具有更多优势的全基因组选择的育种方法应运而生，并快速应用于作物遗传育种。相信随着人们对作物基因组水平认识的不断深入、标记密度的不断增加以及演算方法的不断完善，全基因组选择将会成为作物遗传育种最有效的方法之一。

本书属于作物育种学方面的著作，由河北省农林科学院粮油作物研究所的刘茜、李辉、张颖君等共同撰写完成。全书由绪论、作物传统育种技术概述、植物新品种保护概述、现代分子设计育种概述、生物技术在现代分子设计语种中的应用、现代分子设计育种的研究现状、中国作物分子设计育种面临的挑战与对策等部分组成。以作物传统育种及现代分子设计育种为研究对象，通过对比不同的育种方法，结合作物育种的发展历程，由传统育种过渡到现代分子设计育种。

本书对作物传统育种与现代分子设计育种相关领域的研究者、农业生产学习者及爱好者具有一定的阅读参考价值。由于编者水平有限，书中难免存在不足之处，敬请读者予以指正。

目　录

第一章　绪论　　　　　　　　　　　　　　　　　　　　　　　　/ 1

第一节　作物育种学的相关概念与内容　　　　　　　　　/ 2

第二节　作物育种的起源及发展历程　　　　　　　　　　/ 3

第三节　作物育种在中国农业生产中的应用　　　　　　　/ 5

第二章　作物传统育种技术概述　　　　　　　　　　　　　　　/ 7

第一节　传统育种的相关概念　　　　　　　　　　　　　/ 8

第二节　作物传统育种关键技术的发展　　　　　　　　　/ 12

第三节　传统育种技术体系革新：智能育种　　　　　　　/ 23

第三章　植物新品种保护概述　　　　　　　　　　　　　　　　/ 27

第一节　新品种保护的意义　　　　　　　　　　　　　　/ 28

第二节　新品种保护的要求　　　　　　　　　　　　　　/ 29

第三节　新品种保护的方法　　　　　　　　　　　　　　/ 32

第四章　现代分子设计育种概述　　　　　　　　　　　　　　　/ 35

第一节　现代分子设计育种的相关概念　　　　　　　　　/ 36

第二节　现代分子设计育种的相关背景　　　　　　　　　/ 37

第三节　开展现代分子设计育种的基本条件　　　　　　　/ 41

第四节　现代分子设计育种的开展途径及其目标制定的原则　/ 43

第五章　生物技术在现代分子设计育种中的应用　　　　　　　　/ 47

第一节　细胞工程与现代分子设计育种　　　　　　　　　/ 48

第二节　转基因技术与现代分子设计育种　　　　　　　　/ 54

第三节　分子标记辅助选择技术在作物育种中的作用　　　/ 71

第四节　分子标记及其在遗传育种中的应用　　　　　　　/ 73

第六章　现代分子设计育种的研究成果　/ 77

　　第一节　"七大农作物育种专项"推动农作物育种迈上新台阶　/ 78

　　第二节　基于基因编辑技术的农作物育种研究成果　/ 95

　　第三节　现代分子设计育种助力农业提质增效　/ 109

第七章　中国作物分子设计育种的发展趋势与挑战对策　/ 115

　　第一节　中国作物分子设计育种的发展与趋势　/ 116

　　第二节　中国作物分子设计育种面临的挑战与对策　/ 124

第八章　现代分子设计育种的相关政策与展望　/ 127

　　第一节　现代分子设计育种的相关政策　/ 128

　　第二节　新一代生物育种技术——分子模块设计育种的未来与展望/ 131

　　第三节　"分子模块设计育种创新体系"战略先导专项进展　/ 139

参考文献　/ 153

第一章　绪论

第一节　作物育种学的相关概念与内容

作物育种学是研究选育及繁殖作物优良品种的理论与方法的科学。其基本任务是在研究和掌握作物性状遗传变异规律的基础上发掘、研究和利用名有关作物资源，并根据各地区的育种目标和原有品种基础，采用适当的育种途径和方法，选育适于该地区生产发展需要的高产、稳产、优质、抗（耐）病虫害及环境胁迫、生育期适当、适应性较广的优良新品种以及新作物。并且在繁殖、推广新品种的过程中，保持和提高作物育种性能，提供数量多、质量好、成本低的生产农用品种，以促进高产、优质、高效农业的发展。

作物育种学是一门以遗传学、进化论为主要基础的综合性应用科学。它涉及植物、植物生理、植物生态、植物病虫害防治、农业气象、土壤肥料、生物统计与实验设计、农产品加工等相关知识。

一、作物育种学的相关概念

作物品种是人类在一定的生态条件和经济条件下，根据类自身的需要选育的某种作物的特定群体。这种群体具有相对稳定的遗传特性，在生物学、形态学及经济性状上具有相对一致性，与同一作物的其他群体在特性、作用上有所区别。这种群体在相应地区和耕作条件下种植，在产量、抗病性、作物品质等方面都能符合生产发展的需要。

作物育种学综合应用植物学、植物生理与生物化学、植物病理学、农业昆虫学、农业气象学、土壤学、田间试验与生物统计、生物技术、农产品加工学、种子学和农业经济学等多学科领域的基本理论知识，采用各种先进的技术，有针对性、有预见性地选育农作物新品种。作物育种学和作物栽培学是作物生产中的两个主要学科，两者联系紧密、不可或缺。作物育种学侧重于从内在遗传特性上改良农作物，使之具备高产、优质、抗病等生产潜力；而作物栽培学则侧重于探讨改善农作物的外在生长环境，使其高产、优质、抗病等生产潜力尽可能得到充分的表现。

二、作物育种学的主要内容

作物育种学的主要内容有以下几个：育种目标的制定及实现目标的相应

策略；种质资源的搜集、保存、研究、评价、利用和创新；作物繁殖方式及其与育种的关系；育种学相关理论与方法的选择；人工创造变异的途径、方法和技术；杂种优势利用的途径和方法；育种目标性状的遗传、鉴定及选育方法；作物育种各个阶段的田间试验技术；新品种的审定、推广与良种繁育等生产技术。

第二节　作物育种的起源及发展历程

随着遗传学、进化论及相关理论的发展和育种效率的提高，作物育种从20世纪20～30年代开始摆脱主要凭经验和技巧的初级状态，逐渐发展为具有系统理论与科学方法的一门应用科学。世界上第一部较系统地论述有关育种知识的专著是1927年美国出版的 Hayes 和 Garber 所著的《作物育种》，随后则有苏联出版的 Vavilov 所著的《植物育种的科学基础》；1942年美国出版了 Hayes 和 Immer 的《植物育种方法》。这些论著对世界作物育种的发展起到了重要的促进作用。另外，美国学者 Allard 所著的《作物育种原理》也是一部很有价值的教材。中国学者最早编辑出版的育种学著作有王绶的《中国作物育种学》、沈学年的《作物育种学泛论》。自中华人民共和国成立以来，蔡旭主编的《植物遗传育种学》、西北农学院主编的《作物育种学》等对促进中国作物育种研究和教学事业的发展起到了重要作用。自20世纪60年代以来，随着科学技术的迅速发展，由水稻、小麦的矮化和抗病虫育种所引起的"绿色革命"不仅极大地推动了世界农业生产的发展，还有力地促进了作物育种的发展。

自中华人民共和国成立以来，中国作物育种研究得到了持续发展，粮食产量不断提高，如矮秆水稻、矮秆小麦等品种的育成；杂交玉米、杂交水稻的培育和推广。自改革开放以来，水稻、小麦、玉米、大豆等主要粮食作物品种在全国范围内更新了3～4次，每次更新都增产10%～20%，抗病性能和作物品质也不断得到改进。

至今，植物育种已有长达一万年的历史，其历经了三个发展阶段：第一阶段主要为引种和选种；第二阶段主要为杂交育种与诱变育种；第三阶段为分子育种。

那么，究竟什么时候出现了植物育种学学科？欧洲启蒙时代，研究人员试图了解大自然和管理大自然，从而为人类造福。研究人员意识到人类可以选择更加有用的植物，以满足人们的生活所需，因此植物科学成为了农业的一个强大的合作伙伴；通过实验方法来创建识别授粉的机制，开始定义与杂交密切相关的物种之间的界限，并注意到杂种优势的现象。学者 Murphy 认为 18 世纪欧洲启蒙运动之后就有了科学的植物育种，按照这种观点，植物育种学已有 300 多年的历史。也有学者认为，1900 年孟德尔遗传定律重新发现后，才有了科学的植物育种，按照这种观点，植物育种学则仅有 100 多年的历史。

纵观植物育种学的发展历程，一种育种方法的诞生都以新的科学发现作为支撑。传统育种主要以生物进化论为理论依据；杂交育种主要依据遗传学、作物繁殖生物学等；分子育种则主要依据分子生物学背景下的分子生物技术。随着基因组学、系统生物学、生物信息学等新兴学科的迅猛发展，植物育种理论和技术不断发生重大变革。如今，植物育种学已发展为一门综合科学。育种家为了实现某个目标，可选择多条育种途径，可以选用多种育种方法。

作物育种的发展大体可划分为早期原始育种、近代计划育种和现代多样化育种三个阶段。早期原始育种阶段可以追溯到上万年以前，与野生植物的驯化和农业的起源有密切关系。该阶段作物育种进展十分缓慢，人们仅凭借经验和技巧进行选择，自发地选择最好的果实和籽粒繁殖下一轮群体，对其基本的遗传特性一无所知。在这一阶段，中国有许多关于育种方面的文献记载。例如，西汉《氾胜之书》中记载了穗选法；北魏《齐民要术》中也有许多人工选择方面的记载。但是，这些文献记载的多是育种方面的经验描述，未能形成系统的育种理论体系。而相同时期国外学者的相关研究则要系统一些，对以后的育种工作影响更大。Darwin 的《物种起源》（1859）和《植物界异花受精和自花受精的效果》（1876）中阐释了选择和杂交等与进化的关系；孟德尔遗传定律在20 世纪初被重新发现；Johannsen（1903）提出的纯系学说为纯系育种奠定了理论基础。

我国的现代多样化育种阶段大致从 20 世纪 60 年代开始至今。此阶段作物育种方法多种多样，包括系统育种、杂交系谱法育种、远缘杂交育种、倍性育种、诱变育种、杂种优势利用、轮回选择等。20 世纪 60 年代，小麦、水稻等作物通过矮化育种掀起第一次"绿色革命"；20 世纪 70 年代，组织培养技术兴起；20 世纪 80 年代，分子标记技术与转基因技术兴起。由于植物组织培养、分子标记、转基因等高新生物技术与常规技术有机结合，作物育种已发展成为一门包含多学科发展成果的现代科学，而分子育种学的基本技术手段也正是在这一阶段发展成熟并开始在作物育种中得到应用。

第三节 作物育种在中国农业生产中的应用

中国是传统的农业大国，农业生产在国民经济中的地位越来越重要。品种是重要的农业生产资料，农业生产离不开品种。一个好的品种在农业生产中发挥着巨大的作用。

优良品种通常具有适宜的生育期，既能充分利用当地的自然生长条件，又能正常成熟。例如，在马铃薯生产中，极早熟马铃薯从播种到收获仅需 85 天。发展作物生产，提高作物生产水平，主要是通过改良作物品种和改善作物生长条件的途径实现的。但是，优良品种的良好表现也是相对的。也就是说，育成一个优良品种不可能是一劳永逸的，新品种的选育与推广随着生产发展和科技进步将不断面临新的挑战。

优良品种在农业生产中的作用主要表现在以下几个方面：①提高农作物单产，即单位面积产量。农作物优良品种一般都有较大的增产潜力。在相同的生态环境和栽培管理条件下，优良品种一般可增产 10% 以上，甚至成倍增长。例如，自中华人民共和国成立以来，油菜品种的改良大大促进了中国油菜单产的提高，20 世纪 50 年代，白菜型油菜地方品种的推广使油菜单产由 300 kg/hm² 提高到 400～500 kg/hm²；20 世纪 60～70 年代，甘蓝型油菜品种取代白菜型地方品种，使油菜单产提高到 600～700 kg/hm²；20 世纪 80 年代，新育成甘蓝型油菜品种的推广使油菜单产提高到 1 000～1 100 kg/hm²；20 世纪 90 年代，杂交油菜的推广使油菜单产提高到 1 200～1 300 kg/hm²。②改进农产品品质。禾谷类作物籽粒蛋白质和淀粉的含量及成分、油料作物种子含油量及脂肪酸组成、纤维作物的纤维强度等品质十分重要，直接影响到农产品的营养价值和加工品质等。同一农作物不同品种间的品质也不相同，优良品种的产品品质相对更优，在农产品市场上也具有价格优势。③增强作物抗逆性。作物生长过程中常会受到病、虫、草、干旱及冻害等各种生物、非生物逆境的影响，严重者会导致作物大幅度减产甚至绝收，对农产品品质也有很大影响。通过遗传改良提高品种的抗逆性，可以增强品种对外在环境的适应性，保证稳产。同时，随着作物品种对盐碱、干旱、湿害等抗逆性能力的增强，该作物的栽培区域和种植面积也能进一步得到扩大。④促进农业产业结构调整。不同品种的株型、生育期特性也不同。充分利用这些不同点，通过提高复种指数（多茬、套种）可有效提高土地利用率。⑤利于农业机械化，提高劳动生产率。熟期一致、株型紧凑、抗裂（抗落粒）的作物品种有利于机械收获，能够提高劳动生产率及扩大作物的种植区域。

品种选育技术在水稻、小麦、玉米三大作物中均以较大优势排列第一位，可以保障中国粮食作物的可持续增产，因此优良新品种的选育至关重要。水稻新品种选育要加快水稻特异性育种材料的发掘和创新，将理想株型与杂种优势利用相结合，走常规育种与基因工程结合的高科技路子，培育丰产、高质、多抗、广适的水稻良种。小麦新品种选育要从常规超亲育种、小麦物种间远缘杂交、一系法利用杂种优势、基因转化、聚合育种等方面，加强对超级小麦种子的研究，尽快培育出以高产、优质、高效为综合目标的超级麦。玉米新品种选育要综合利用中国的玉米种质和外来玉米种质，加强对目标性状基因的搜集、鉴定、创新研究，进一步改进玉米诱变育种方法，积极探寻新的诱变源，重点培育耐密植、抗倒伏、抗病虫、适应机械化作业的玉米新品种。通过示范引导，水稻重点推广大棚育秧、集中育秧、使用壮秧剂，抛秧、机插秧、水稻精确定量播种等栽培技术；小麦重点推广精量半精量播种、"双晚"等技术；玉米重点推广增密技术、全膜双垄沟播种、催芽坐水种等育种技术。

育种目标是选育新品种的设计蓝图，也是育种工作的指南，直接影响亲本的选配及育种方法的选择，并在很大程度上决定着育种实践的成败。随着经济水平的发展、人口数量的膨胀、农业从业人数锐减和可耕土地面积的持续萎缩，人们必须依赖更少的人和更少的土地生产出更多更优的农作物产品。当前形势下，大幅度提高农业生产的单位面积产出和农业生产的效率是应对挑战的重要途径。这就要求作物育种者为农业生产提供高产、优质、稳产且适于机械化操作的农作物品种。

第二章　作物传统育种技术概述

第一节　传统育种的相关概念

传统育种是指利用比较旧的育种手段和自然的育种过程培育生物新品种的方法，与较新的利用分子生物学手段进行的较复杂的、有时甚至是激进的分子植物育种相对。

一、传统育种的特征

（1）传统育种的产物只强化了存在于该物种内的具有遗传潜力的目标性状或利用理化处理对某个内在性状进行了突变。

（2）传统育种并没有向新品种中引入来自其他物种的基因。

（3）传统育种的过程很长。

（4）杂交育种仅局限于同一个物种内或亲缘关系比较近的同属的不同物种内。

二、传统育种的目的及不足

（一）传统育种的目的

传统育种重视杂种优势的利用与研究，其最终目的是通过不同的技术手段，将各种有利于提高粮食产量和品质的优良基因不断聚集到某个品种中，让该品种获得较高的产量和抵御干旱等灾害的能力。

（二）传统育种带来的缺陷

（1）农艺性状的转移很容易受到种间生殖隔离的限制，不利于利用近缘或远缘种的基因资源对选定的农作物进行遗传改良。不同物种间的优良基因很难加以利用。

（2）通过有性杂交进行基因转移，不能准确地对某个基因进行操作和选择，易受不良基因连锁的影响，如要摆脱不良基因连锁的影响，则必须对多世代、大规模的遗传分离群体进行检测。因此，在获得某种优良抗性的同时，可能会影响植株的育性。

（3）利用有性杂交转移基因的成功与否一般需要依据表观变异或生物测定来判断，检出效率易受环境因素的影响。

（4）用传统育种获得的抗性易受品种和地域环境的影响。即若在北方培育的抗逆新品种种植到南方，可能其抗逆性表现不明显。

三、传统育种的原理、方法及过程

（一）杂交育种

用于有性生殖的生物，利用基因自由组合原理，周期长。

1. 原理

基因重组，即通过基因分离、自由组合，分离出优良性状或使各种优良性状集中在一起。

2. 方法

连续自交，不断选种。

3. 过程

（1）让纯种的高秆抗锈病和矮秆易染锈病小麦杂交得 F1。

（2）让 F1 自交得 F2。

（3）选 F2 中矮秆抗病小麦自交得 F3。

（4）留 F3 中未出现性状分离的矮秆抗病个体；对于 F3 中出现性状分离的再重复（3）（4）步骤。

4. 特点

育种年限长，需连续自交不断优胜劣汰才能选育出需要的类型。

5. 说明

（1）该方法常用于同一物种不同品种的个体间，如上例；亲缘关系较近的不同物种个体间（为了使后代可育，应做染色体加倍处理，得到的个体即是异源多倍体），如八倍体小黑麦的培育、萝卜和甘蓝杂交。

（2）若该生物靠有性生殖繁殖后代，则必须选育出性状优良的纯种，以免后代发生性状分离；若该生物靠无性生殖产生后代，则只要得到该优良性状即可，纯种、杂种并不影响后代性状的表达。

（二）人工诱变育种

1. 原理

基因突变。

2. 方法

用物理因素（如 X 射线、r 射线、紫外线、激光等）或化学因素（如亚硝酸、硫酸二乙脂等）来处理生物，使其在细胞分裂间期 DNA 复制时发生差错，从而引起基因突变。

3. 举例

太空育种、青霉素高产菌株的获得

4. 特点

提高了突变率，能够创造人类需要的变异类型，从中选择培育出优良的生物品种，但由于突变的不定向性，因此该种育种方法具有盲目性。

5. 说明

该种方法常用于微生物育种、农作物育种等。

（三）单倍体育种

无性生殖（组织培养），利用花药离体培养，周期短。

1. 原理

染色体变异。

2. 方法

花药离体培养获得单倍体植株，再人工诱导染色体数目加倍。

3. 过程

（1）让纯种的高秆抗锈病和矮秆易染锈病小麦杂交得 F1。

（2）取 F1 的花药离体培养得到单倍体。

（3）用秋水仙素处理单倍体幼苗，使染色体加倍，选取具有矮秆抗病性状的个体即为所需类型。

4. 特点

由于得到的个体基因都是纯合的，自交后代不发生性状分离，所以相对于杂交育种来说，育种的年限明显缩短了。

5. 说明

（1）该方法一般适用于植物。

（2）该育种方法有时须与杂交育种配合，其中的花药离体培养过程需要组织培养技术手段的支持。

（四）多倍体育种

果实肥厚，营养含量高，茎秆粗壮。

1. 原理

染色体变异。

2. 方法

用秋水仙素处理萌发的种子或幼苗，使细胞内染色体数目加倍，染色体数目加倍的细胞继续进行正常的有丝分裂，即可发育成多倍体植株。

3. 特点

该种育种方法得到的植株茎秆粗壮，叶片、果实和种子较大，糖类和蛋白质等营养物质的含量有所增加。

4. 说明

（1）该种方法用于植物育种。

（2）有时须与杂交育种配合。

（五）基因工程

定向培育新物种

1. 原理

DNA 重组技术（属于基因重组范畴）。

2. 方法

按照人们的意愿，把一种生物的个别基因复制出来，加以修饰改造，放到另一种生物的细胞里，定向地改造生物的遗传性状。操作步骤包括提取目的基因、目的基因与运载体结合、将目的基因导入受体细胞、目的基因的检测与表达等。

3. 特点

目的性强，育种周期短。

4. 说明

对于微生物来说，该项技术须与发酵工程密切配合，才能获得人类所需要的产物。

（六）利用"细胞工程"育种

1. 原理

植物体细胞杂交、细胞核移植。

2. 方法

用两个来自不同植物的体细胞融合成一个杂种细胞，并且把杂种细胞培育成新植物体的方法。操作步骤包括用酶解法去掉细胞壁、用诱导剂诱导原生质体融合、将杂种细胞进行组织培养等。

3. 特点

可克服远缘杂交不亲合的障碍，大大扩展了可用于杂交的亲本组合范围。

4. 说明

该种方法须得到植物组织培养等技术手段的支持。

第二节　作物传统育种关键技术的发展

作物育种技术常用的有 9 种：远源杂交、自交不亲和、杂种优势利用、单倍体育种、多倍体育种、基因组编辑、全基因组选择、分子设计育种、转基因育种。

传统遗传育种方法是建立在有性杂交的基础上，通过遗传重组和表型选择进行新品种选培。随着所用品种遗传多样性逐步减少，传统育种瓶颈效应愈来愈为明显，利用常规育种技术已经很难育成突破性新品种。生物技术的创新极大地推动了现代育种的发展。随着分子生物学、基因组学、系统生物学、合成生物学等学科的发展和生物技术的不断进步，多学科联合催生了分子设计育种技术的革新。2021 年，生物技术发展迅猛，各项技术得到了空前的发展，尤其是基因组编辑技术、单倍体育种、分子设计育种技术的发展，正孕育着一场新的育种技术革命。

一、基因组编辑技术

基因组编辑是生命科学新兴的颠覆性技术，特别是基于 CRISPR-Cas9 系统的基因组编辑工具近几年迅猛发展。在过去的一年里，基因组编辑技术得到空前发展。

（一）作物基因组单碱基编辑方法的建立

在作物育种中，通过简单的方法将遗传变异引入现代优异品种是加速遗传改良、推进育种进程的重要手段。不同课题组都分别建立了单碱基编辑方法，并在不同作物中进行了尝试。

中国科学院上海生命科学研究院朱健康课题组在水稻中利用大鼠 APOBEC1 系统开发了一种单碱基置换方法，类似于哺乳动物的"碱基编辑"系统。该研究小组合成了大鼠 APOBEC1，并利用非结构化的 16 残基肽 XTEN 作为接头，将其融合到 Cas9（D10A）的 N 末端；将一种核定位信号（NLS）

肽添加到 Cas9（D10A）的 C 末端；半主动式的 Cas9 可切割非编辑的链，并通过诱导碱基切除修复，增加碱基编辑的效率；然后，在玉米泛素启动子（UBI）的控制下，这个 APOBEC1-XTEN-Cas9（D10A）融合序列被构建成一个双元载体。研究人员在水稻上对两个重要的基因 NRT1.1B 和 SLR1 进行了编辑，数据表明，采用这种改进后的 CRISPR/Cas9 系统，可以有效地产生 C → T 和 C → G（G → A 和 G → C）的替换。同期，中国农业科学院作物科学研究所夏兰琴研究组与华中农业大学"千人计划"引进人才、美国加州大学圣地亚哥分校赵云德教授实验室合作，也报道了利用改造后的 CRISPR/Cas9 系统成功在水稻中实现靶标基因高效单碱基定点替换的事例。

日本神户大学及筑波大学的三个研究团队通过借鉴哺乳动物单碱基编辑方法，成功在水稻及番茄中建立了 Target-AID 单碱基定点编辑技术体系。Target-AID 系统由海七鳃鳗胞苷脱氨酶基因 *PmC-DA1*（Petromyzonmarinuscytidinedeaminase）和两种 Cas 蛋白变体 nCas9（nickase CRISPR/Cas9）或 dCas9（nuclease-deficient Cas9）及 sgRNAs 融合而成。研究人员首先通过 EGFP 报告系统成功实现 C 至 T 碱基的替换，dCas9Os-PmCDA1At 和 nCas9Os-PmCDA1At 处理的效率分别为 43% 和 183%；继而以水稻中的除草剂靶标乙酰乳酸合成酶基因（aceto lactatesynthase，*ALS*）作为编辑的目标，dCas9Os-PmCDA1At 和 nCas9Os-PmCDA1At 均可创造 287 位点上 C → T 的碱基突变（A96V 的氨基酸替换），从而获得对除草剂甲氧咪草烟的抗性，效率分别为 156% 和 341%；进一步的研究发现，该系统可实现三个位点（靶向两个基因 *FTIP1e* 和 *ALS*）同时的单碱基编辑。该系统在双子叶植物番茄中也实现了高效的编辑。研究人员选取与激素信号相关的内源基因 *DELLA* 和 *ETR*，利用未经过密码子优化的 PmCDA1 载体 nCas9At-PmCDA1Hs 以及通过拟南芥密码子优化的 PmCDA1 载体 nCas9At-PmCDA1At 均可实现单碱基编辑并最终获得了单碱基突变可稳定遗传且 marker-free 的番茄突变体。另外，在 To 代编辑的植物中发现有部分非预期的基因片段缺失或插入还有一些 C 至 G 突变类型。

中国科学院遗传与发育生物学研究所高彩霞课题组在前期工作基础上，借鉴哺乳动物单碱基编辑方法，利用 Cas9 变体（nCas9-D10A）融合大鼠胞嘧啶脱氨酶（rAPOBEC1）和尿嘧啶糖基化酶（UGI），构成了高效的植物单碱基编辑系统 nCas9-PBE，成功地在三大重要农作物（小麦、水稻和玉米）基因组中实现高效、精确的单碱基定点突变。通过在原生质体中对报告基因 BFP 以及三种作物中五个内源基因七个位点突变结果的详细分析，发现 nCas9-PBE 可实现了对靶位点 DNA 的 C 至 T 替换，C 碱基脱氨化的窗口覆盖靶序列的 7 个核苷酸（距离 PAM 远端的第 3 ～ 9 位）；其中单个 C 的替换效率为 0.39% ～ 7.07%，多个 C 的替换效率高达 12.48%。通过遗传转化，利用该体系获得了靶标区域单碱基替换的小麦、水稻和玉米突变植株，突变效率最高可达 43.48%。该技术无须在基因组的靶位点产生 DNA 双链断裂（DSB），也无须供体 DNA 的参与，具有简单、广适、高效的特点。nCas9-PBE 单碱基编辑系统的成功建立和应用为高效和大规模创制单碱基突变体提供了一个可靠方案，为作物遗传改良和新品种培育提供了重要技术支撑。

这些研究成果不仅丰富了单碱基编辑的技术手段，还为现代作物育种提供了前景广阔的现代育种新方法。

（二）基因组编辑效率与精度的改良

如何提高 Cas9 编辑效率和避免脱靶是目前限制其发挥巨大潜力的最主要问题，因此提高该系统的效率和特异性一直是基因组编辑方法研究的焦点。

中国农业科学院水稻研究所王克剑课题组和中国科学院（以下简称"中科院"）遗传所李家洋课题组合作，通过优化 sgRNA 的结构以及使用水稻内源性强启动子来驱动 Cas9-VQR 变体的表达，成功将 CRISPR-Cas9-VQR 系统的编辑效率提高到了原有系统的 3 到 7 倍。

中国科学院 - 马普计算生物学研究所杨力研究组与上海科技大学陈佳研究组、杨贝副研究员开展合作研究，利用共表达尿嘧啶糖苷酶抑制剂的方法，开发了一种基于碱基编辑器 3 的增强型碱基编辑器，实现了更高准确度的基因组单碱基编辑。

通过蛋白质工程的方法，美国两个课题组前期分别对 Cas9 蛋白进行定向改造，获得了三种特异性显著提高的 Cas9 蛋白变体：eSpCas9（1.0）、eSpCas9（1.1）和 SpCas9-HF1。中国科学院遗传与发育生物学研究所高彩霞研究组近期的研究发现，这三种高保真的 SpCas9 核酸酶的基因组编辑活性会严格受到 sgRNA 向导序列长度的影响。将向导序列设为与靶位点精确匹配的 20 个碱基，是确保三种高保真 SpCas9 核酸酶活性的重要前提。为此，高彩霞研究团队将水稻 tRNAGlu 序列融合到 U3 启动子和 sgRNA 之间，利用细胞内源的 RNase P 和 RNaseZ 将未成熟的 sgRNA 中的向导序列加工成为与靶序列精确匹配的 20 个碱基，通过这一策略不仅能够将 eSpCas9（1.0）、eSpCas9（1.1）和 SpCas9-HF1 的活性保持在与野生型 SpCas9 相当的水平，还可以保持其特异性。

丰富的遗传变异和高效的筛选体系是限制作物育种的主要因素。基因组编辑技术开创了作物遗传改良的新途径。得益于功能基因组学的研究成果，基因组编辑技术已在控制作物质量性状的功能基因改良中得到应用。与功能基因丰富的遗传变异不同，对调控功能基因表达模式的顺式调控序列的自然变异的研究有限。挖掘和创制顺式调控序列的遗传变异，不仅有助于阐明数量性状的调控模式，还对于作物遗传改良意义重大。冷泉港实验室的番茄育种家 Lippman 研究组通过系统的试验证实：①通过 CRISPR/Cas9 靶向顺式调控基序能够重建人工驯化的数量性状位点；②多重 gRNA 介导的 CRISPR/Cas9 对启动子区域进行编辑能够创制出新的、连续的性状变异；③跨代 CRISPR/Cas9 驱动的遗传编辑体系能够高效地筛选和评价数量性状变异；④新创制的顺式调控序列等位变异能够在非转基因后代中得到固定；⑤顺式调控序列保守区的变异及其对转录的影响不可以通过表型差异来预测。

利用人工转录因子同时激活生物体内多个基因是一种强大的生物工程和系统生物学工具。转录激活子 VP64 与 dCas9 融合可以促进靶向基因的表达，但只能较小程度地提高转录水平。目前报道的三种基于 dCas9 技术的转录激活系统（VPR、SAM 和 SunTag）在动物细胞中得到了很好的应用，但在植物中还没有一种有效的转录激活系统。中山大学李剑峰教授研究团队报道了一种植物中的高效的转录激活系统 dCas9-TV。与 dCas9-VP64 相比，dCas9-TV 在单基因或者多基因的激活方面都表现出了比较强的激活效率。研究表明，该系统同样适用于动物细胞。

几乎同时，美国马里兰大学戚益平实验室和中国电子科技大学张勇实验室合作开发了两套分别基于 CRISPR-Cas9 和 TALE 的高效植物转录激活系统。第一套转录激活体系基于 CRISPR-Cas9 系统。在拟南芥和水稻中测试转录激活的多种策略，研究发现通过 dCas9 和经修饰的 gRNA 支架 gRNA2.0（CRISPR-Act2.0）同时富集转录激活子 VP64，要比同实验室之前在 2015 年报道的第一代 dCas9-VP64 更具转录激活效应。CRISPR-Act2.0 系统成功地在水稻细胞中进行了多基因激活，表明该系统在植物基因调控中具有很好的应用前景。第二套的转录激活体系是一个多重转录激活剂样效应物激活 mTALE-Act 系统，用于植物中的多重转录激活。该系统允许将多达四个 TALE-VP64 基因快速装配成单个 T-DNA 载体，以同时激活植物中的多达基因。通过在拟南芥中打靶 *PAP1*，证实 mTALE-act 要比 CRISPR-Act2.0 更有效地激活内源基因表达。因此，这个 mTALE-Act 系统是一个强大的转录激活系统，可同时上调植物中的多个基因。

（三）高通量基因组编辑库的建立

在植物中，利用 CRISPR/Cas9/Cpf1 系统进行基因编辑的步骤主要包括特异性靶点的选择、sgRNA 表达盒的设计、转化载体的构建与转化，以及后续对突变体的靶点突变的序列分析。

华南农业大学生命科学学院刘耀光研究组对已经开发的"DSD 简并序列解码法"及其在线软件工具 DSDecode 进行了改良，增加了配套的软件工具，并对网站硬件做了全面系统的升级，推出了一站式服务的在线基因组编辑工具软件包 CRISPR-GE。该软件包由一系列功能联动的多个子程序构成，包括特异性靶点的设计、潜在脱靶位点评估、构建 sgRNA 表达盒和扩增与测定靶点序列的引物设计以及对目标靶点突变的分析等。这些功能涵盖了植物基因组编辑实验中的主要步骤，可以极大地帮助研究人员高效利用 CRISPR 系统进行基因组编辑的设计和结果分析。同时，该软件包还提供了一个方便下载参考基因组特定区间序列的工具，用户只需输入目标基因号或小段标记序列，指定要下载的基因（标记）上下游序列的长度，即可下载对应的基因组片段序列。另外，该软件包还支持对若干个动物基因组编辑的靶点设计和基因组片段序列的下载。

水稻突变体是进行水稻功能基因组学基础研究和水稻分子设计育种的重要材料。常规的水稻突变体来源于自发突变或化学、物理及生物的诱变，具有很大的随机性和局限性，不能满足大规模的水稻功能基因组学研究和水稻分子设计育种的需求。利用高效便捷的 CRISPR/Cas9 基因组编辑技术和高通量的寡核苷酸芯片合成技术可以大规模地对水稻全基因组进行编辑，实现水稻突变体的高通量构建和功能筛选。中国科学院遗传与发育生物学研究所李家洋研究组和高彩霞研究组合作，通过农杆菌介导的水稻遗传转化法，以水稻中花 11 作为受体材料，对水稻茎基部和穗部高表达的 12 802 个基因进行高通量的基因组编辑，获得了 14 000 余个独立的 T_0 代株系，并对它们的后代进行了部分表型和基因型分析鉴定。同期，百格基因公司研究团队也公布了他们利用 CRISPR/ 系统构建水稻突变体库的研究进展，获得了 8.4 万个突变植株，随机抽取部分转基因植株分析后表明，突变频率可以达到 80% 以上。

这些研究表明，利用 CRISPR/Cas9 基因组编辑技术大规模构建水稻突变体库并进行功能筛选是高效便捷获得水稻重要突变体和快速克隆对应基因的有效方法，同时能够为水稻分子设计育种提供重要的供体材料。

（四）育种公司对基因组编辑技术的关注

2017 年 1 月 4 日，孟山都宣布与哈佛大学－麻省理工学院的 Broad 研究院就新型的 CRISPR-Cpf1 基因组编辑技术在农业中的应用达成全球许可协议。新的 CRISPR-Cpf1 系统与 CRISPR-Cas9 系统相比，在针对性地改善细胞 DNA 方面有望变得更加简单和精确，是基因编辑技术领域的重大进展。研究人员认为 CRISPR-Cpf1 系统相较于 CRISPR-Cas9，在改善农业产品方面具有更多优点，如编辑方式以及编辑发生位点更加灵活；CRISPR-Cpf1 系统体积更小，能够更加灵活地运用于多种作物。CRISPR-Cpf1 系统的专利独立于 CRISPR-Cas 专利，这个新的系统将为孟山都在基因编辑这个迅速发展的科学领域提供另一个更有价值的工具。

2017 年 7 月，Evogene 宣布发现镰刀菌抗性基因，目前表现最好的一部分基因已在孟山都的玉米产品研发线上进行测试。同时，Evogene 宣布完成了玉米和大豆产量及非生物胁迫逆境性状候选基因的筛选，发现了约 4 000 个与作物性状相关的基因。同年 9 月，Evogene 公司宣布利用基因组编辑技术改良的抗黑叶斑病香蕉获得成功。两年的田间试验结果证实，该基因编辑香蕉品种能够提高对黑叶斑病的抗性。

2017 年 8 月 16 日，孟山都宣布和 ToolGen 公司就 CRISPR 技术平台在农业领域的应用达成全球许可协议。ToolGen 是一家专注于基因编辑的生物技术公司，是基因编辑研究领域的先驱。上述许可协议的签署味着意授权孟山都在植物应用领域使用 ToolGen 全套 CRISPR 知识产权保护技术。

二、单倍体育种机理研究

单倍体诱导具有巨大的商业育种价值，利用单倍体诱导产生单倍体然后加倍产生纯合的二倍体，可以大大加快育种进程；而解析单倍体诱导形成的机制将有利于进一步提高诱导率，助力作物的遗传改良。

虽然双受精是开花植物所特有的生殖方式，但现在越来越多的植物育种者试图"绕过"这一过程，而通过对诱导的单倍体采用药剂处理从而产生双单倍体来完成开花植物的繁衍。由于产生的双单倍体自交系能够直接稳定单倍体所携带的遗传变异，从而可以加速育种进程。Stock6 是在玉米中发现的第一个孤雌生殖诱导系，于 1956 年被首次报道，并在随后几十年的玉米单倍体诱导中广为应用。但有关玉米 Stock6 及其衍生系诱导单倍体的分子机理并不十分清楚。先正达公司的 Kelliher 等通过图位克隆、基因组重测序、遗传互补以及基因编辑等方法，证实了玉米中单倍体诱导是由一个花粉特异表达的磷酸酯酶基因 MATRILIN-EAL（MTL）移码突变造成的。通过基因编辑获得的 MTL 突变体可以达到 6.7% 的单倍体诱导率。MTL 定位于花粉母细胞质中，并且对花粉转录组 RNA-seq 分析的表明，在单倍体诱导过程中，一系列花粉特异表达的基因均显著上调，这些表达基因很可能部分参与了单倍体种子的形成。该研究成果表明，雄配子细胞质成分对于有性生殖过程的顺利完成以及雄配子所携带染色体组在后代中的稳定传递均起了重要的作用。值得一提的是，中国科学家（中国农业大学的陈绍江教授、金危危教授及华中农业大学的严建兵教授团队）联合在 Molecular Plant 上报道了该诱导基因（基因命名为 ZMPLA1）。鉴于 MTL 基因在农作物中的保守性，这一发现有助于在其他农作物中发展单倍体诱导体系来加速育种进程。

玉米中存在天然的单倍体诱导系：当诱导系与普通玉米材料杂交之后，后代有一定几率产生仅含有普通玉米材料染色体的单倍体个体。剖析单倍体诱导过程对理解染色体行为及遗传稳定与物种进化的关系有重要价值。华中农业大学玉米团队严建兵课题组与中国农业大学金危危课题组合作利用单核测序技术，初步解析了玉米单倍体诱导的机制。该研究首先利用显微观察证明诱导系花粉减数分裂过程中染色体行为并无异常，进而利用单细胞单核测序技术发现诱导系成熟花粉的精核中存在高频的染色体片段化。这些结果表明发生于花粉有丝分裂时期的精子染色体片段化是造成受精后染色体消除及单倍体诱导的直接原因。该研究结果为进一步研究单倍体诱导的分子机制提供了理论支持，有利于进一步提高诱导率，助力作物的遗传改良。

三、转基因技术进展

发展高效、安全的新型遗传转化方法，一直是基因工程、分子生物学和遗传育种等领域的研究热点之一。传统植物转基因方法通常需要比较繁杂的组织培养等植物再生程序才能获得转基因植株，尤其如棉花等难再生作物的转基因植物制备更加困难。中国农业科学院环发所崔海信研究员领衔的"多功能纳米材料及农业应用"创新团队同生物所的"作物分子育种技术"创新团队合作在纳米生物技术研究方面取得了重要突破。合作团队通过利用磁性纳米粒子作为基因载体，创立了一种高通量、操作便捷和用途广泛的植物遗传转化新方法。此次研发的基于磁性纳米颗粒基因载体的花粉磁转化植物遗传修饰方法可以利用 Fe_3O_4 磁性纳米颗粒作为载体，在外加磁场介导下将外源基因输送至花粉内部，通过人工授粉利用自然生殖过程直接获得转化种子，然后再经过选育获得稳定遗传的转基因后代。该方法将纳米磁转化和花粉介导法相结合，克服了传统转基因方法组织再生培养和寄主适应性等方面的瓶颈问题，可以提高遗传转化效率，缩短转基因植物培育周期，实现高通量与多基因协同并转化，适用范围与用途非常广泛，对于加速转基因生物新品种培育具有重要意义，并在作物遗传学、合成生物学和生物反应器等领域也具有广泛应用前景。该研究推动纳米载体基因输送与遗传介导系统研究取得了重要进展，开辟了纳米生物技术研究的新方向。

2017 年 6 月 15 日，美环保署首次批准了孟山都以 RNA 干扰技术为基础研发的一种特殊杀虫剂——DvSnf7 双链 RNA（dsRNA）。DvSnf7 双链 RNA 作为杀虫剂产品将会添加到 SmartStax Pro 转基因玉米中，当西方玉米根虫开始取食植物时，这种植物自己产生的 DvSnf7 双链 RNA 能够干扰玉米根虫的一个重要的基因，进而杀死害虫。

四、分子模块设计育种的发展

不同团队分别在不同作物上开展了分子模块设计育种的探索，在过去的一年里，分子设计育种取得了较好的进展。以中国科学院遗传与发育生物学研究所李家洋团队为例，其与中国农业科学院水稻所、深圳农业基因组研究所钱前研究组联合，经过精心设计，以超高产但综合品质差的品种"特青"作为受体，以蒸煮和外观品质具有良好特性的品种"日本晴"和"93–11"为供体，对涉及水稻产量、稻米外观品质、蒸煮食味品质和生态适应性的 28 个目标基因进行优化组合，经过 8 年多的努力，利用杂交、回交与分子标记定向选择等技术，成功将优质目标基因的优异等位聚合到受体材料，并充分保留了"特青"的高产特性。在高产的基础上，这些优异的"品种设计"材料使稻米的外观品质、蒸煮食味品质、口感和风味等方面均有显著改良，并且以其配组的杂交稻稻米品质也得到了显著提高。这项研究结果将极大推动作物传统育种向高效、精准、定向的分子设计育种转变。最近，其研究团队与浙江省嘉兴市农业科学院合作，运用"分子模块设计"技术育成的水稻新品种"嘉优中科系列新品种"获得了丰收，种植嘉优中科 1 号水稻品种的两块田实收测产表明，平均亩（1 亩 ≈ 666.7 平方米）产分别为 913 kg 和 909.5 kg，比当地主栽品种亩产增产 200 kg 以上。

不同复杂性状间的耦合是分子设计育种的关键科学问题。作物的产量、品质等大都是多基因控制的复杂性状，由于受到一因多效和遗传连锁累赘的影响，某些性状在不同材料和育种后代中协同变化，呈现耦合性相关。解析复杂性状间耦合的遗传调控网络，明确关键调控单元，对分子设计育种具有重要意义。中国科学院遗传与发育生物学研究所田志喜联合王国栋、朱保葛、华盛顿州立大学张志武等多家研究团队深入解析了大豆 84 个农艺性状间的遗传调控网络，揭示了不同性状间相互耦合的遗传基础，发现其中重要节点基因对不同性状的形成起到关键调控作用。该研究为大豆的分子设计育种提供了重要的理论基础，对于提高大豆的品质和产量具有非常重要的意义，同时也为其他作物性状耦合研究提供了借鉴。

目前，大批水稻、小麦、玉米和大豆分子模块育种品系正在区域性生产评比试验中，对作物新品种培育起到了重要推动作用。

五、大数据育种的发展

大数据正快速发展为发现新知识、创造新价值、提升新能力的新一代信息技术和服务业态，已成为基础性战略资源。

（一）大数据技术育种利用途径

当前作物育种领域的一个重要命题是如何总结和凝练大数据环境下农作物育种领域的创新方法，为我国"十四五"科技重点专项育种技术创新提供方法支撑。笔者在此提出一个以大数据技术为基础的育种方法创新方案：基于知识工程的流程，有机整合作物不同品系与野生资源等在材料、基因、性状等方面的数据库，消除数据孤岛，形成大数据下的作物育种数据库及其处理系统；以性状数据采集和处理分析为核心，以作物育种过程管理为基础，研究作物育种资源整合、数据科学分析、过程信息化管理的育种技术新体系（图 2-1）。

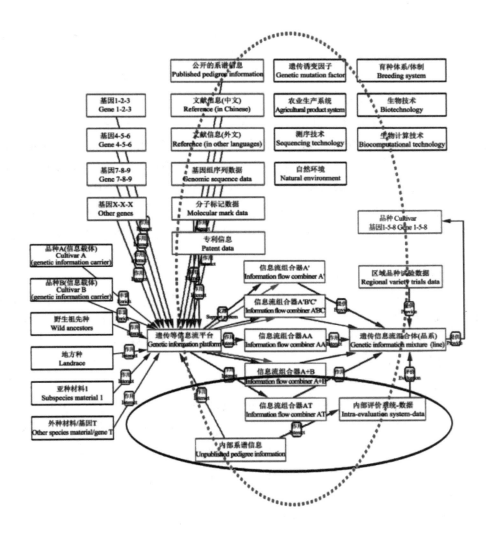

（实线圈：现育种技术，主要利用育种小组内部数据。虚线圈：大数据育种技术，利用所有育种相关表型和分子数据，包括内部数据）

图 2-1 大数据作物育种技术流程概念图

在涵盖农业育种数据信息的大规模数据库平台和富集算法及生物数字模型的计算体系基础上，以创新方法应用为契机，通过基因挖掘和育种技术，形成以用户需求（育种家或者企业）为导向的大数据育种技术平台。同时，创造有重大应用价值的新种质，培育和应用一批具有市场竞争力的突破性新品种，实现种质创新，提升育种自主创新能力。

图 2-1 表明，一个理想的大数据育种技术是以生产特定品种为导向，通过遗传信息流平台建设，根据需求组合信息流，输出满足目标基因组成的新品种。其中具体实施步骤包括以下几点。

1. 收集遗传作物育种相关数据

获得育种与遗传材料相关文献（论文、育种相关书籍、专利等）、遗传资源相关数据、品种审定相关数据（品种区域试验数据和品质、抗性等测定数据等）和基因组相关数据（基因组、分子标记、基因序列、基因表达等公开数据）。同时，也可以有效地采集各个育种组内部数据（系谱和田间表型和室内考种数据，分子数据等）并将其作为大数据系统的一部分加以利用。大数据育种最重要的基础是获得完整的育种相关数据，这是进行大数据育种技术的先决条件。

2. 处理育种相关数据，进行统计分析，建立数据挖掘平台

例如，支持向量机、神经网络、序列模式发现等多种数据挖掘算法均可以用于育种相关数据分析；同时，数据运算采用云技术等，保证分析快速完成，及时提供分析结果。该步骤是利用大数据技术挖掘育种相关大数据形成概念 / 知识 / 育种建议的过程。

3. 搭建人机交互系统

搭建人机交互系统，使其以育种相关数据库及育种信息与咨询系统形式出现，它不同于传统意义上的育种技术（如杂交育种、杂种优势育种技术等），但可以预计它将对作物育种工作产生巨大影响和作用。平台可以提供多元化育种服务内容，除了大数据挖掘与育种利用分析服务，可以整合目前已有的一些计算机辅助育种系统，如育种和实验数据辅助系统、田间设计与统计系统等。

（二）大数据技术育种建议与展望

大规模生产、分享和应用数据的时代已经开启。数据的积累可以从量变引发质变，越来越多的企业、行业和国家以数据为资源进行知识和智力开发，挖掘数据价值，已经初具大数据思维。针对大数据时代，我们提出如下建议：①开展我国作物育种相关数据本底和规模调查与估计。目前育种相关数据主要包括各个育种组内部数据和文献、遗传资源相关数据、品种审定相关数据、基因组相关数据等。应对这些数据的规模、分布等进行全面调查，特别是要对育种课题组内部数据规模进行调查。②开展基于大数据技术框架的育种相关数据采集、整合、挖掘与育种技术研究。作物育种相关数据，特别是表型数据采集

是育种过程的一个难点，会消耗大量人力和物力，数据准确性低、误差大；同时，文献和相关数据等大量育种相关数据分散在各个数据库或期刊书籍中。可结合计算机抓取和图像识别等技术，研发育种相关数据大规模和自动采集技术。③开展大数据育种机构建设。建议成立全国性大数据作物育种中心，可考虑以北方和南方为划分依据进行地域布局，也可以按照作物种类的不同（如水稻、小麦、玉米等）进行建设。这些机构将对我国育种相关数据进行采集、归类和数据挖掘，同时提供公开的大数据育种平台分析与育种利用服务。

农作物育种领域有着丰富的种质资源、海量的各类型育种相关数据、漫长的育种过程及复杂的技术系统，这使农业育种已然隶属大数据领域，构建大数据育种系统势在必行。历史上中国的育种技术曾领先世界，而在近现代的科学技术革命中，中国则退居学习者或跟踪者地位。这次大数据技术浪潮为农作物育种变革提供了良机，我们当以创新的魄力和勇气去抓住此次时代赋予中国的机遇。

随着大数据的发展，作物数量遗传学、全基因组关联分析、作物基因组编辑技术将不断突破和改进，通过定点编辑、定点修饰顺式调控序列、定点激活基因表达实现对数量性状的精准操控，必将引领新一轮的育种技术革命。

第三节 传统育种技术体系革新：智能育种

根据预测，到2050年，全球平均气温将上升至16℃，因病虫害带来的作物产量损失将增加至20%～25%，而人口将增长至88亿，土地人均占有量将下降至0.15 hm²，这意味着全球农业和粮食生产都面临着巨大压力。改良品种、提升生产技术是保障农业和粮食安全的有效途径，作物产量的提高有50%源自品种的改良，栽培、生产技术对作物产量的提升作用仍受限于作物的品种特性，可见解决以上问题的关键在于品种改良，即选育高产、稳产、优质、高效的优良品种。因此，研究作物育种发展方向，指导育种实践，对于应对病虫害侵扰、气候变化、水资源下降、耕地资源减少、不断增加的人口带来的粮食短缺及农业可持续发展问题具有重要意义。

智能育种技术体系基本定义为利用农作物基因型、表型、环境、遗传资源（如水稻上的品种系谱信息）等大数据为核心基础，通过人工生物智能技术，在实验室设计培育出一种适合特定地理区域和环境的品系品种。而传统上的大田仅仅作为品种测试和验证的场所，从而节省了大量的人力、物力、财力、环境压力等资源。智能育种是依托多层面生物技术和信息技术，跨学科、多交叉的育种方式。

智能育种的核心之一为基因型大数据。基因型数据主要来自 5 种基因技术利用数据，即 5G[①]，但这个 G 是技术，而不是代数。主要包括以下几点：①种质资源鉴定。②基因编辑。基因编辑是应用先进的基因组学和分子生物学工具对功能已知的重要基因序列进行定向敲出、单碱基替换、同源区段替换等操作，创造新的有益遗传变异，从而实现作物的定向精准改良，在农作物抗病性、抗逆性、保存性以及园艺作物的花色等农业性状的改良上发挥作用。基因编辑技术具体分为 3 种典型的工具，即锌指核酸酶（FZN）、转录激活样效应因子核酸酶（TALEN）、成簇规律间隔短回文重复序列（GRISPR），其中 CRISPR-Cas9 因其操作的简便性、通用性，已成为目前最广泛应用的基因编辑技术。（3）基因功能鉴定。（4）基因组组装。（5）基因组育种方法技术。这些基因型技术的相似点是通过二代测序、单核苷酸多态性（SNP）芯片等不同通量的基因型检测手段，挖掘与株型、产量、抗逆性等性状相关的重要基因与自然变异。

智能育种的核心之二为表现型大数据。也就是说，表现型数据大多数是平常可以看得到的东西，如水稻上的稻谷大小、米粒长短等。传统上都是用眼、笔、纸人工测定，但是随着 20 世纪 90 年代的自动化、高通量表现型数据的实施技术的突飞猛进，表型数据搜集基本已经进入数字化阶段。室外主要以卫星、飞机、高密度摄像仪、高空摄像机、地面小型机器人、红外仪、紫外仪等为代表；室内表型技术以德国 LemnaTec®（全球最大的室内室外型植物表型系统）以及原杜邦 - 陶氏化学的 FAST-CORN® 为代表。

智能育种的核心之三为环境大数据。主要包括以下几点：①地上部分的数据，主要内容为温度、相对湿度、降雨量、降雪量、日长、日照强度等。②地面上面的数据。病菌——生理小种、群体、分布等；昆虫——生物型、群体、分布等；杂草——类型、群体、分布等。③地下部分的数据。土壤特性——类型、结构、肥力、水分等；土壤微生物——类型、群体、分布等。

---

① 本书根据育种技术的发展阶段将作物育种技术分为 5 个时代育种体系。第 1 代育种技术（1G）：作物驯化技术；第 2 代育种技术（2G）：杂交育种；第 3 代育种技术（3G）：传统育种；第 4 代育种技术（4G）：分子技术育种；第五代育种技术（5G）：智能育种。

近年来，人工智能技术，特别是图形成像技术、数字化技术等现代技术的快速发展将作物育种引向了新的阶段。目前，拜耳－孟山都和科迪华等跨国种业巨头基本上能够实现作物性状调控基因的快速挖掘与表型的精准预测，从而能够建立智能组合优良等位基因的自然变异、人工变异、数量性状位点，具有多基因与多性状聚合的育种设计方案，实现智能、高效、定向培育新品种。

智能育种的基本技术路线是智能设计的适合特定环境的、用于构建育种分离群体的杂交组合；在田间重复产量测试之前，应用基于基因型大数据、表型大数据、环境大数据已建立和验证的基因型－表型环境模型，对优异品系和试验性杂交种的适应性、产量、品质、性状进行大量计算机模拟，模拟其在不同环境条件下的表现和稳定性；对单个个体在同一世代进行大规模、多位点的精准基因组编辑，同时创造多个优异等位基因；在全基因组水平上对已知的不同位点等位基因的最佳组合进行多基因与多性状的聚合；培育出真正的高科技农作物品种。智能育种需要生物育种大数据中心和高度信息化应用方面的支撑。深度融合了生命科学、信息科学和育种科学的智能育种是科技发展带来的新机遇，预计在未来 10 ～ 20 年，智能育种发展的快慢势必成为种业核心价值和竞争力的体现。因为由传统育种到分子育种再到智能育种，育种的"科学"成分含量越来越多，而育种的"艺术"成分含量越来越少；实验室基因型分析的个体、品系数目越来越多，而需要在田间测试的个体、品系数目越来越少，从而育种的预见性、准确性、效率越来越高，实现的经济、社会和环境效益也越来越高。

由近现代的杂交育种、杂种优势育种到分子育种，到正在孕育发展中的智能育种（5G），育种技术越来越依赖于多项科技的融合发展。育种的遗传增益也越来越高。目前，中国大部分作物育种仍然处在杂交育种和传统育种（2G 和 3G）阶段，仅少部分作物已经处于传统育种（3G）向分子技术育种（4G）的转变阶段，而世界种业巨头凭借着雄厚的资本、先进的技术基础等优势，已加速朝智能育种（5G）阶段迈进。中国面临着种业技术全面革新、国际跨国种业垄断、种业产业对外依存度高的威胁，这给中国作物育种带来了新的挑战，育种科技亟需革命性的改变。中国必须紧抓全球新一轮科技革命和产业革命迭代的机遇，整合和引导科技资源及人才向育种 5G 技术靠拢，加快原始创新，抢占种业技术制高点，确保中国种业具有持续竞争力，保障中国粮食安全、食品安全和生态安全。

第三章　植物新品种保护概述

第一节　新品种保护的意义

所谓植物新品种，是指经过人工培育的或者对发现的野生植物加以开发，具备新颖性、特异性、一致性和稳定性并有适当命名的植物品种。植物新品种保护是指通过专门法律授予植物新品种所有权人在一定时间对授权品种享有独占权，是知识产权的一种形式。

植物新品种保护又称为育种者权利，是授予植物新品种培育者利用其品种专利的权利。植物新品种保护的最终目的是鼓励更多的组织和个人向植物领域投资，从而有利于育成和推广更多的植物新品种，推动中国的种子工程建设，促进农业生产的不断发展。品种权是一种无形资产，一旦公开，就会被人们无偿占有和使用，而成果的所有者很难控制，其经济效益也会受到不同程度的损害。植物新品种保护原则维护广大品种培育者的权益。品种权人可以将所拥有的优良作物品种通过自主生产销售、许可生产、品种权转让等方式迅速推向市场，并利用自身在一段时间内对品种享有的排他性的独占权获得较高的利益，实现发展所必需的资本积累，推动自身的科技创新、开发能力。

植物新品种保护的根本目的是鼓励培育和使用植物新品种，促进农业生产的发展。一个新品种受到政府的保护，实质是提高了这个新品种的知名度，提高了这个新品种自身的"身价"，使其易于在生产中得到广泛的推广。

植物新品种保护有利于在育种行业中建立一个公正、公平的竞争机制。这个机制可以进一步激励育种者投入植物品种的创新活动。通过植物新品种保护，育种者获得应得的利益。这样，育种者不仅能够收回已经投入的育种资本，还可以将这部分资本再投入到新的植物品种的培育工作。

实行植物新品种保护制度是中国社会主义市场经济发展的必然结果，也是中国参与国际经济技术一体化进程的必不可少的环节。如果中国不对植物新品种进行保护，已实行保护的国家出于保护本国利益的目的，就不会把自己受保护的植物新品种向中国出售，或者只出售一些超过保护期的品种。此外，中国育种者培育的新品种也曾流失海外，给国家造成了严重的损失。因此，实行植物新品种保护制度，可以促进中国在植物品种方面的国际贸易、国际交流与合作。植物新品种保护旨在通过有关法律、法规和条例，保护育种者的合法权益，鼓励培育和使用植物新品种，促进植物新品种的开发和推广，加快农业科技创新的步伐，扩大国际农业科技交流与合作。被授予品种权的新品种选育单位或个人享受生产、销售和使用该品种繁殖材料的独占权，品种权同专利权、商标权和著作权一样，是知识产权的重要组成部分。农业植物和林业植物分别由农业部（现为农业农村部）和国家林业局负责植物新品种权申请的受理、审查，并对符合条件的植物新品种授予植物新品种权。完成育种的单位或者个人对其授权品种享有排他的独占权。任何单位或者个人未经品种权所有人（以下简称"品种权人"）许可，不得为商业目的生产或者销售该授权品种的繁殖材料，不得为商业目的将该授权品种的繁殖材料重复使用于生产另一品种的繁殖材料。执行本单位的任务或者主要是利用本单位的物质条件所完成的职务育种，植物新品种的申请权属于该单位；非职务育种，植物新品种的申请权属于完成育种的个人。申请被批准后，品种权属于申请人。委托育种或者合作育种，品种权的归属由当事人在合同中约定；没有合同约定的，品种权属于受委托完成或者共同完成育种的单位或者个人。一个植物新品种只能授予一项品种权。两个以上的申请人分别就同一个植物新品种申请品种权的，品种权授予最先申请的人；同时申请的，品种权授予最先完成该植物新品种育种的人。

植物新品种保护有利于克服传统计划经济体制下的种种弊端，改变过去品种主体产权不清、品种市场混乱、种子假冒伪劣、企业无证经营、非法垄断等问题，有利于规范种子市场，维护育种者、育种单位的利益，大力推动中国种业的健康发展。

植物新品种保护有利于科技创新。植物新品种保护有利于种子企业开展作物新品种的研究、开发、生产，推进"企业是育种的主体"整体工作，提高种子企业的科技能力和核心竞争力，使植物新品种的培育机制更好地适应市场经济。

植物新品种作为人类智力劳动成果，在农业增产、增效和品质改善中起着至关重要的作用。对植物新品种实施产权保护，是当今世界的潮流和人类文明的标志。

第二节　新品种保护的要求

植物新品种保护也叫"植物育种者权利"，同专利、商标、著作权一样，是知识产权保护的一种形式，这就需要审查测试体系完备，保护制度日趋完善。为配合《中华人民共和国植物新品种保护条例》及《国际植物新品种保护公约》的实施，我国先后制定了《中华人民共和国植物新品种保护条例实施细则（农业部分）》《农业部植物新品种复审委员会审理规定》《农业植物新品种权侵权案件处理规定》等规章制度；省级农、林业行政部门成立了植物新品种保护工作领导小组和办公室，农业部成立了植物新品种繁殖材料保藏中心，使新品种权审批、品种权案件的查处以及新品种权中介服务等工作更具可操作性。

一、植物新品种申请保护审批程序

（一）初步审查

审批机关对品种权申请的下列内容进行初步审查。

（1）是否属于植物品种保护名录列举的植物属或者种的范围。

（2）申请品种权的，应当向审批机关提交符合规定格式要求的请求书、说明书和该品种的照片。申请文件应当使用中文书写。

（3）是否符合新颖性的规定。

（4）植物新品种的命名是否适当。

（二）审批机关时间安排

对经初步审查合格的品种权申请，审批机关予以公告。对经初步审查不合格的品种权申请，审批机关应当通知申请人在3个月内陈述意见或者予以修正；逾期未答复或者修正后仍然不合格的，驳回申请。

（三）植物新品种测试

审批机关对品种权申请的特异性、一致性和稳定性进行实质审查。审批机关主要依据申请文件和其他有关书面材料进行实质审查。审批机关认为必要时，可以委托指定的测试机构进行测试或者考察业已完成的种植或者其他试验的结果。因审查需要，申请人应当根据审批机关的要求提供必要的资料和该植物新品种的繁殖材料。对经实质审查符合条例规定的品种权申请，审批机关应当作出授予品种权的决定，颁发品种权证书，并予以登记和公告。

（四）新品种公告

申请人所申请的品种审核合格后，审批机关将通过农业部下发的书面公告或在相关网站上进行公告，如果在公告期间没有任何人提出质疑，该申请人将获得新品种保护权。

品种权被授予后，在自初步审查合格公告之日起至被授予品种权之日止的期间，对未经申请人许可，为商业目的生产或者销售该授权品种的繁殖材料的单位和个人，品种权人享有追偿的权利。

二、保护期限

品种权的保护期限，自授权之日起，藤本植物、林木、果树和观赏树木为20年，其他植物为15年。根据《财政部国家发展改革委关于清理规范一批行政事业性收费有关政策的通知》（财税〔2017〕20号）要求，自2017年4月1日起，停征植物新品种保护权收费。

三、植物新品种保护与品种审定的区别

植物新品种保护也称为育种者权利，是授予植物新品种培育者利用其品种专利的权利，是知识产权的一种形式。品种审定是广大品种培育工作者所熟悉和重视的工作。两者有所不同。品种保护是授予育种者一种财产独占权，通过法律对智力成果进行保护，侵权者将受到法律的制裁；而品种审定授予的是某品种可以进入市场的准入证，是一项行政管理措施。

（一）本质不同

植物新品种保护从本质上来说是授予申请人一项知识产权，属于民事权利范畴，是给予品种权人一种财产独占权；完全由植物新品种所有权人自愿申请，新品种所有人是否获得品种权，与新品种的生产、推广和销售无关。品种审定是对申请人生产秩序的管理，是一种行政许可，是给予新品种市场准入；属于国家和省级人民政府农业行政部门规定的审定作物范围的新品种必须经过审定后，才能进入生产、推广和销售，未获得品种审定证书就进行生产和销售要承担相应的法律责任。

（二）范围不同

植物新品种保护主要是指对植物新品种的保护，申请人只能为属于国家植物品种保护名录中列举的植物属或者种的新品种向新品种权审批机关申请品种权。品种审定是指对主要农作物的审定，包括稻、小麦、玉米、棉花、大豆。

（三）审查机构和层级不同

植物新品种保护的受理、审查和授权集中在国家一级进行，农业方面由植物新品种保护办公室负责。而品种审定实行国家与省两级审定，申请者可选择

申请国家农作物品种审定委员会审定或者省级农作物品种审定委员会审定，也可以同时申请国家审定和省级审定，还可以同时向几个省、自治区、直辖市申请审定。

（四）特异性要求不同

植物新品种保护主要从品种的外观形态上进行审查，如植株高矮、种皮或花的颜色、株型等方面要明显区别于递交申请以前的已知品种，且所选的对照品种（近似品种）是世界范围内已知的品种。而品种审定突出审定品种的产量、品质、成熟期、抗病虫性、抗逆性等可利用特性，所选的对照品种是当地主要的推广品种。

（五）新颖性要求不同

植物新品种保护的新颖性是一种商业新颖性，要求在申请前未销售或者销售未超过规定时间。而品种审定主要强调以经济价值为主的农艺性状，即该品种的推广价值，对品种的新颖性没有要求，不管其在审定前是否销售过。

（六）审查过程及所需提交的材料不同

植物新品种保护主要是书面审定，必要时可委托指定的测试机构进行测试或者考察已完成种植或者其他试验的结果，需提供书面材料和该植物新品种的繁殖材料。而品种审定需要提交试验种子，由品种审定委员会决定进行区域试验（两个生产周期）和生产试验（一个生产周期）。

（七）有效期限不同

植物新品种的品种权有保护期限限制，自授权之日起，藤本植物、林木、果树和观赏树木为 20 年，其他植物为 15 年。通过审定的品种没有严格的期限限制。

第三节　新品种保护的方法

一、行政保护的职责划分

（一）国务院农业、林业行政部门

1.新品种授权

负责植物新品种权申请的受理和审查，并对符合规定的植物新品种授予植物新品种权。

2.受理侵权案件

根据品种权人或利害关系人的请求，对侵犯品种权的行为进行调解和行政处罚。

3.查处假冒授权品种

对假冒授权品种的行为进行查处。

4.查处不使用注册登记名称

对销售授权品种的未使用其注册登记名称的行为进行查处。

（二）省级农业行政管理部门

除行使的新品种授权职责外，行使受理侵权案件、查处假冒授权品种和不使用注册登记名称3项职责。

（三）市、县级农业行政主管部门

主要行使查处假冒授权品种和不使用注册登记名称2项职责；还可协助省级农业行政管理部门查处品种权侵权行为。

二、侵权案件的立案条件和程序

（1）未经品种权人许可，以商业目的生产或者销售授权品种的繁殖材料的，品种权人或者利害关系人可以请求省级以上人民政府农业、林业行政部门依据各自的职权进行处理，也可以直接向人民法院提起诉讼。

（2）省级以上人民政府农业、林业行政部门依据各自的职权，根据当事人自愿的原则，对侵权所造成的损害赔偿可以进行调解。调解达成协议的，当事人应当履行；调解未达成协议的，品种权人或者利害关系人可以依照民事诉讼程序向人民法院提起诉讼。

（3）省级以上人民政府农业、林业行政部门依据各自的职权处理品种权侵权案件时，为维护社会公共利益，可以责令侵权人停止侵权行为，没收违法所得和植物品种繁殖材料；货值金额5万元以上的，可处货值金额1倍以上5倍以下的罚款；没有货值金额或者货值金额5万元以下的，根据情节轻重，可处25万元以下的罚款。

（4）假冒授权品种的，由县级以上人民政府农业、林业行政部门依据各自的职权责令停止假冒行为，没收违法所得和植物品种繁殖材料；货值金额5万元以上的，处货值金额1倍以上5倍以下的罚款；没有货值金额或者货值金额5万元以下的，根据情节轻重，处25万元以下的罚款；情节严重，构成犯罪的，依法追究刑事责任。

（5）省级以上人民政府农业、林业行政部门依据各自的职权在查处品种权侵权案件和县级以上人民政府农业、林业行政部门依据各自的职权在查处假冒授权品种案件时，根据需要，可以封存或者扣押与案件有关的植物品种的繁殖材料，查阅、复制或者封存与案件有关的合同、账册及有关文件。

（6）销售授权品种未使用其注册登记的名称的，由县级以上人民政府农业、林业行政部门依据各自的职权责令限期改正，可以处 1 000 元以下的罚款。

（7）当事人就植物新品种的申请权和品种权的权属发生争议的，可以向人民法院提起诉讼。

第四章　现代分子设计育种概述

第一节　现代分子设计育种的相关概念

2003 年，由 Peleman 和 Van Der Voort 提出了分子设计育种的概念并首先在农作物上展开研究。这一概念的提出符合现代农林业育种目标：缩短育种时间，提高品种产量，改良品种品质。分子设计育种与传统育种不同，它是以生物信息学为平台，以基因组学和蛋白组学的数据库为基础，综合育种学流程中的作物遗传、生理生化和生物统计等学科的有用信息，根据具体作物的育种目标和生长环境，预先设计最佳方案，然后开展作物育种试验的分子育种方法。分子设计育种的核心是建立以分子设计为目标的育种理论和技术体系，通过各种技术的集成与整合，对生物体从基因（分子）到整体（系统）不同层次进行设计和操作，在实验室对育种程序中的各种因素进行模拟、筛选和优化，提出最佳的亲本选配和后代选择策略，实现从传统的"经验育种"到定向、高效的"精确育种"的转化，以大幅度提高育种效率。

分子育种就是将基因工程应用于育种工作中，通过基因导入，培育出符合一定要求的新品种的育种方法。

设计育种是在基因定位的基础上，构建近等基因系，利用分子标记聚合有利等位基因，实现育种目标。

分子设计育种不同于分子育种和设计育种。但它们都是分子生物学理论与技术应用于品种改良而形成的新技术。目前，一般概念的分子育种大致包括两个方面，即转基因育种和分子标记辅助选择育种。转基因育种一般是将单个或少数几个已被克隆的、功能明确的基因，通过基因枪或农杆菌介导等方法，导入受体品种的基因组并使其表达期望性状的技术。由于克隆的基因可以来自任何物种，所以转基因育种可以打破功能基因在不同物种间交流的障碍。分子标记辅助选择育种是利用与目标基因紧密连锁的分子标记（包括基因内分子标记或功能标记），在杂交后代中准确地对不同个体的基因型进行鉴别，据此进行辅助选择的育种技术。通过分子标记检测，将基因型与表现型相结合，应用于育种各个过程的选择和鉴定，可以显著提高育种选择工作的准确性，提高育种研究的效率。分子标记辅助选择育种跟踪的基因一般只能是少数几个，但对于效应明显的主效基因比较容易取得预期的效果。通过杂交配组，在对杂种后代的选择过程中利用分子标记将多个目标基因聚合到同一个体中，以获得预期的基因型，这种方法被称为聚合育种，仍属于分子标记辅助育种的范畴。

现代分子设计育种的特点如下。

（1）操作简单。现代分子设计育种以异源DNA片段有可能在受体植物细胞内形成部分杂交片段的假说为基础，通过适当的导入方法能很容易将供体的总DNA导入受体细胞内，由此引起受体发生遗传性变异，为育种家提供丰富的遗传变异资源，因而是简单易行的育种新途径。

（2）变异范围广。周光宇、陈启锋和黄骏麒等认为，异源DNA导入受体细胞后，由于供体与受体的异源遗传物质的相互作用，其中包括DNA片段的插入、整合、调控和启动等，受体会产生多种多样的遗传性变异。受体所产生的遗传性变异涉及作物的各类质量性状和数量性状，其中包括植株的形态变异、生长发育速度、生理生化特性、抗病虫能力、产量构成潜力和品质改良以及抗逆性等。通过DNA直接导入法能够获得广泛的变异后代，为新品种的选育提供丰富的物质基础。

（3）后代性状稳定快。通过远缘杂交获得的杂种后代群体会发生"疯狂分离"，随后需要经过8～10个世代的严格筛选，才有可能培育出稳定的新品系。通过异源DNA直接导入法获得的转基因植株后代群体一般只经过4～5个世代就能选育出带有远缘优良性状的新品系，由此可以缩短育种时间，提高育种效果。

第二节　现代分子设计育种的相关背景

一、相关政策的提出

在人口、资源、环境等刚性条件约束下，培育高产、优质、高效作物新品种是确保中国粮食安全、促进农业可持续发展的重要途径之一。作物分子设计育种成为国家相关战略规划确定的优先发展方向并得到了国家科技计划的重点支持。2006年，《国家中长期科学和技术发展规划纲要（2006—2020年）》将动植物品种与药物分子设计技术确定为前沿技术。2007年，中国"863计划"现代农业技术领域启动了"动植物品种分子设计"专题，以主要植物（水稻、小麦、玉米、大豆、棉花等）、动物（猪、牛、鸡等）为重点研究对象。2008年，"973计划"在农业领域设立了作物分子设计项目"主要作物高产、优质品种设计和选育的基础研究"，研究主要作物（小麦、玉米、大豆等）高产和优质性状的遗传机理，鉴定出具有重要实用价值的分子靶点；通过常规和分子育种手段的结合，创制在产量、品质等目标性状上表现突出的育种材料；建立多基因组装育种的理论和方法体系。2008年，中国科学院启动了"小麦、水稻重要农艺性状的分子设计及新品种培育推广"重大项目，最终目的是建立和完善多基因组装分子设计育种的理论和技术体系，实现传统遗传改良向品种分子设计的跨越。

2013年8月，中科院启动战略性先导科技专项"分子模块设计育种创新体系"，包括遗传发育所、植物所、动物所、水生所等多个研究所的2100多名科研人员参与到这个大课题中，以水稻为主，小麦、鲤鱼等为辅，解析复杂性状分子调控网络，阐明其相互效应，预计将获得16～20个具有育种价值的分子模块和12～15个主效分子模块系统，建立模块耦合组装的理论和应用模型，实现高产、稳产、优质、高效多模块的有效组装，培育水稻、鲤鱼等产量显著提高的新品种10～15个，创建新一代超级品种培育的系统解决方案和育种新技术。

据立木信息咨询发布的《中国分子育种市场调研与投资战略报告（2018版）》显示：我国农业科研无论在基因编辑领域还是在转基因领域都不落人后。近年来，我国农业科技进步贡献率以平均每年1%的速度增长，2015年，农业科技进步贡献率已占总推动率近56%。这表明我国农业增长方式开始进入由传统要素——土地、劳动力等推动为主转为以农业科技推动为主的阶段。

2017年农业部办公厅公布首批农业转基因试验基地名单，单位性质不仅涵盖研究所、高等院校，亦涵盖种业公司。可见，在政策层面大范围开放分子育种品种商业化种植的轮廓更为清晰。

2017年农业部在京召开全国农业转基因生物安全监管工作会议，会议强调，转基因是一项新技术，也是一个新产业，具有广阔的发展前景。通过科学严格的安全评价，经政府批准的转基因农产品是安全的。发展转基因是国家战略，中央对转基因工作要求是明确的，也是一贯的，即研究上要大胆，坚持自主创新；推广上要慎重，做到确保安全；管理上要严格，坚持依法监管。

2019年2月20日，农业农村部印发《国家质量兴农战略规划（2018—2022年）》，与育种相关的主要主要有3大方向，分别为支持农业对外合作企业在境内外建设育种研发、加强分子设计育种、建设育种创新基地和品种性状测试鉴定中心。同年10月28日，第十二届中国国际种业博览会暨第十七届全国种子信息交流与产品交易会在山东济南举行。种业高峰论坛与信息发布会上，全国农业技术推广服务中心种业信息与技术处处长王玉玺作《2019—2020年全国重要农作物种子产供需形势与种子市场监测报告》，发布 2018 年种子销售收入前 20 名企业名单，袁隆平农业高科技股份有限公司、北大荒垦丰种业股份有限公司、江苏省大华种业集团有限公司位居前三。

　　我国拥有世界上最庞大的育种队伍，种质资源保有量居世界第二，但却难以形成流行的大品种。核心原因在于"两个 80%"：80% 的种业科技人员集中在科研单位；80% 的种子企业缺乏自主创新能力。产学研流通不畅，导致科研与生产"两张皮"，科研成果不少，但大多是"铁皮柜里的成果"。2020 年 2月，农村农业部印发《2020 年种植业工作要点》，从整体来看，2020 年种植业的发展首要是解决优质种子研发的问题，具体方式可以通过"技术方 + 生产方 + 需求方"深度融合的方式。未来对于大多数无先进育种经验的种子企业来说，向研发机构或专家购买优质的育种品类将成为行业主流，商业化育种成为解决方案。

　　根据在 SooPAT 网站搜索"分子设计育种"，截至 2020 年 5 月底，分子设计育种相关专利的前十申请人大部分为各类农业大学和科研所，商业公司仅有深圳华大基因科技有限公司和深圳兴旺生物种业有限公司。排名第一的为华中农业大学，育种相关技术申请数量为 123 件，随后分别为深圳华大基因科技有限公司和深圳市作物分子设计育种研究院。

　　2020 年 8 月 27 日以"聚合优势，合作共赢，迈入分子育种大数据新时代"为主题，第二届（2020）前沿分子育种技术研讨会在河北石家庄以岭健康城隆重开幕。来自全国的 300 名嘉宾参加论坛，与会嘉宾将大数据形势下，分子标记、分子育种等主题内容进行深入研讨。本届研讨论会总协调人，中国农业科学院作物科学研究所研究员、国际玉米小麦改良中心（CIMMYT）玉米分子育种首席科学家徐云碧致开幕辞。这标志着我国分子育种领域在接下几年中会有突破性的进展。

　　未来，随着我国分子育种农作物商业化种植政策的逐步松动，当下积蓄在我国科研院所处的先进转基因技术、基因编辑技术及丰富遗传材料将得以迅速嫁接在种业公司的优质品种上，厚积薄发，多品种"齐鸣"，完成产研转化，量能可观。

二、技术手段的进步

　　人口增长带来的农业发展的紧迫性、农业发展的可持续性、作物对环境变化或极端环境的耐受性以及人们对作物可食用部分营养品质需求的不断提高使未来农业生产面临着严峻的挑战。当前，生物技术和基因组推动了育种技术的进步，将大数据与分子育种相结合，有望实现未来作物的精准设计与创造。

传统遗传育种方法是建立在有性杂交的基础上，通过遗传重组和表型选择进行新品种选育。随着所用品种遗传多样性逐步减少，在传统育种瓶颈效应越来越明显，利用常规育种技术已经很难育成突破性新品种。传统的植物遗传改良实践中，研究人员一般通过植物种内的有性杂交进行农艺性状的转移。这类作物育种实践虽然对农业产业的发展起到了很大的推动作用，但在以下几个方面存在重要缺陷：一是农艺性状的转移很容易受到种间生殖隔离的限制，不利于利用近缘或远缘种的基因资源对选定的农作物进行遗传改良；二是通过有性杂交进行基因转移易受不良基因连锁的影响，如要摆脱不良基因连锁的影响则必须对多世代、大规模的遗传分离群体进行检测；三是利用有性杂交转移基因的成功与否一般需要依据表观变异或生物测定来判断，检出效率易受环境因素的影响。上述缺陷在很大程度上限制了传统植物遗传改良实践效率的提高。而分子设计育种是突破传统育种瓶颈的有效途径。

三、关键性种质资源的利用

作物育种工作的突破性进展取决于关键性种质资源的发掘与利用。从世界范围内近几年作物育种的显著成就来看，突破性品种的育成几乎无一例外地取决于关键性优异种质资源的发现与利用。例如，分子设计育种推动了世界范围的"绿色革命"浪潮；油菜波里马细胞质雄性不育与国内外杂交油菜的发展；小麦1BL/1RS易位系与世界小麦抗锈育种；玉米高赖氨酸突变体与玉米营养品质的遗传改良；高蛋白、高赖氨酸大麦"Hiprolys"与大麦营养品质遗传改良。这些特异珍贵的优良种质资源对人类发展起到了不可替代的作用。

一个国家或单位拥有种质资源的数量和质量以及对所拥有种质资源的性状表现和遗传规律的研究深度和广度将决定其育种工作的成败及其在遗传育种领域的地位。因此，如果在拥有和利用种质资源方面占有优势，就可能在农业生产及发展上占有优势。正如J. R. Harlan（1970）指出的，人类的命运将取决于人类理解和发掘植物种质资源的能力。一个优良品种的育成，种质资源的利用发挥了重要作用。要想提高作物育种综合水平，就要拥有一批具有不同优良性状的优异资源。优异种质的来源包括以下几个方面：①挖掘现有资源潜力，从地方资源、野生资源中寻求可利用的优异资源。中国是一个种质资源宝库，已发现了许多特异珍贵种质资源，如水稻广亲和材料，小麦太谷显性核不育材料，水稻、油菜、谷子、大麦、小麦光温敏雄性不育材料、核质互作雄性不育材料，玉米、大豆、谷子的细胞质雄性不育材料，广西的农家糯玉米品种及云南的接骨糯稻，等等。它们是中国未来作物遗传育种产生新突破的重要物质基础。②利用各种渠道从国外引进、鉴定、筛选和改良创新可利用资源。例如，为玉米育种所引进的热带材料在中国利用较困难，但是热带材料包含了玉米起源中心的一些优良特异种质，一旦改良创新效果好，必将推动中国玉米育种水平的提高。③应用各种方法，包括远缘杂交、品种间杂交、理化诱变、生物工程等技术创造优异资源。相关人员不仅要加大投入，深入研究品种资源，掌握优异性状的受控基因遗传变异规律，还要研究优良性状基因在杂种后代的表达、遗传传递力和配合力，确定优异资源的利用价值，为育种提供种质资源利用的各种信息。

第三节　开展现代分子设计育种的基本条件

　　分子设计育种的核心是基于对控制作物各种重要性状的重要基因/QTLs功能及其等位变异的认识，根据预先设定的育种目标，选择合适的育种材料，综合利用分子生物学、生物信息学等技术手段，实现多基因组装（合），培育目标新品种。据此，要开展作物分子设计育种，必须具备以下基本条件。

　　（1）高密度分子遗传图谱和高效的分子标记检测技术。高密度遗传图谱不仅是开展分子设计育种的基础，还是定位和克隆基因/QTLs的必备条件。随着植物基因组学研究的发展，全基因组序列、EST序列和全长cDNA数量迅猛增长，成为开发新型分子标记的新资源，也为饱和各目标作物的遗传图谱奠定了基础。

　　（2）对重要基因/QTLs的定位与功能有足够的了解。这包括三个层次的内容：首先，要大规模定位控制目标作物各种性状的重要基因/QTLs，并对其功能有足够的了解。作物的重要农艺性状大多是数量性状，受多基因控制。分子标记技术和植物基因组学知识的飞速发展极大地促进了基因定位，尤其是QTLs定位的研究。定位和重要农艺性状相关的QTLs，阐明它们的效应及与环境等的互作是当代植物分子遗传研究的一个重要方向，更是开展分子设计育种最基本的条件。这不仅为克隆并最终解析其功能奠定了基础，还为深入掌握这些基因座的等位性变异提供了条件。其次，要掌握这些关键基因 /QTLs 的等位变异及其对表型的效应。对关键基因 /QTL 基因座等位（或复等位）变异的检测与对表型性状的准确鉴定相结合，充分了解种质资源中可能存在的基因（包括等位变异）资源。目前，新一代高通量测序技术、基因组定位缺失突变技术等的发展与应用为大规模鉴定并掌握等位基因变异提供了重要的技术支撑。最后，对基因间互作（包括基因与基因之间的互作以及基因与环境的互作等）有充分的了解。作物重要农艺性状受多基因控制，这些基因间存在着复杂的相互作用，而且基因的表达易受环境条件的影响。因此，在定位并掌握重要基因 /QTL 及其复等位变异的基础上，采用多点试验并结合特定的作图方法，分析并掌握各基因的主效应、与相关基因以及与环境间的互作效应等信息，对根据育种目标开展分子设计育种是非常必要的。除此之外，还要了解并尽可能避免基因的遗传累赘。

（3）建立并完善可供分子设计育种利用的遗传信息数据库。当前，由于基因组学和蛋白组学等的飞速发展，核酸序列和蛋白质等有关遗传信息数据库中的数据呈"爆炸式"增长。这些海量的序列信息给高效、快速的基因发掘和利用提供了非常有利的条件。但是，如何收集和处理这些遗传信息，尤其是使其为作物遗传改良所利用，仍是一个巨大的挑战。因此，在现有序列以及基因和蛋白质结构和功能数据的基础上建立适合分子设计育种应用的数据库是当前开展分子设计育种需要研究的问题之一。

（4）开发并完善进行作物设计育种模拟研究的统计分析方法及相关软件，用于开展作物新品种定向创制的模拟研究。这些统计分析方法和软件可用于分析评价并整合目标作物表型、基因型以及环境等方面的信息，最后用于模拟设计，制定育种策略。

（5）掌握可用于设计育种的种质资源与育种中间材料，包括具有目标性状的重要核心种质或骨干亲本及其衍生的重组自交系（RILs）、近等基因系（NILs）、加倍单倍体群体（DH）、染色体片段导入 / 替换系（CSSLs）等。

根据以上分析可以发现，就作物而言，目前开展分子设计育种最具条件的作物首推水稻。使用这一作物开展研究具有以下优势：①水稻是二倍体作物，基因组较小，性状的遗传相对比较简单；②水稻有两个亚种，两个亚种的测序工作已经完成，这为分子标记的设计和基因分析提供了优越的条件；③籼、粳亚种性状差异明显，等位变异普遍存在，通过两个亚种间基因的交流已经预示出在育种上水稻有很高的价值；④高密度的水稻遗传图谱已经建立；⑤中国在水稻遗传和育种研究上有很好的基础，国内已有多个实验室比较系统地选育和积累了丰富的重组自交系、等基因系、染色体单片段代换系等遗传材料，可直接作为设计育种的基础材料；⑥通过国家"973计划""863计划"等重要计划多年来的资助，中国在水稻功能基因组、核心种质、骨干亲本等项目的研究中，已经培养了一批较高素质的可以在分子设计育种方面开展研究的人才。

第四节　现代分子设计育种的开展途径及其目标制定的原则

一、开展分子设计育种的途径

目前，不同生物品种，尤其是模式植物拟南芥和水稻的全基因组序列测定的完成及其功能基因组学等研究的深入发展为进一步分析作物性状变异的分子机理提供了条件，从而为通过分子设计育种改良塑造新的作物品种提供了可能。但要真正将分子设计育种概念应用于品种选育的实践中，除应具备上述的一些基本条件外，还必须重点解决好分子设计育种与常规育种相结合的问题。

（一）要注重分子生物学家与常规育种家的结合

分子生物学的研究主要是在实验室进行，而育种研究主要的工作需要在田间完成。由于这两方面的研究人员受到研究条件、原有知识的惯性导向影响和现有评价体系上存在一些缺陷，两方面工作的结合还不够紧密。如何在国家需求这一目标的指导下，将分子生物学方面的研究与育种研究有效地整合起来，将是今后相当一段时间内作物分子设计育种研究能否被有效利用，能否使作物育种工作取得突破性进展的关键所在。为了使分子生物学研究以及分子设计育种研究工作更贴近于作物育种生产的实际，建议国家在组织相关科技计划时，要注意吸收有实际育种工作经验、在育种上取得了卓越贡献的育种家参加，使其与分子生物学家合作开展相关研究。

（二）简化、实用化的分子设计育种相关技术

要让分子设计育种研究的相关技术尽量简单实用化，真正能被育种家采用。

分子设计育种要对众多性状进行分析与模拟设计，并且需要对众多基因/QTLs信息进行分析与检测，涉及一系列的分子生物学实验与生物信息学等技术（图4-1）。而对常规育种的科研人员而言，育种相关技术一要实用，二要简单。

因此，必须将分子设计育种涉及的相关分子生物学技术向简单实用化发展，而且最好能达到高效率（高通量），这样才能实现在短时间内对众多分子标记或基因进行检测，从而提高检测与选择的效率。

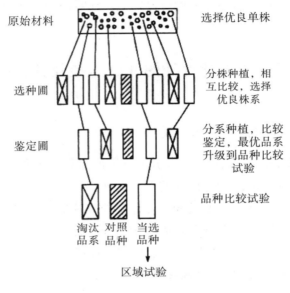

图 4-1　育种模拟图

二、现代分子设计育种目标制定的原则

（一）根据当前国民经济的需要和生产发展前景

育种目标制定必须和国民经济的发展及人民生活的需求相适应。选育高产、稳产的品种是当前的主攻方向，但随着人民生活水平的提高及工业的发展，对农产品品质的要求也越来越高，所以品质育种也是主攻目标。此外，农业生产是在不断发展的，而育成一个品种需要较长（至少 5～6 年以上）的时间，所以在制定育种目标时，必须有发展的眼光，既要从现实情况出发，又要预见品种育成后的一定时期内生产和国民经济的发展、人民生活水平和质量的提高以及市场需求的变化，选育出相适宜的优良品种，防止出现品种育成之日就是被淘汰之时的悲剧。

（二）根据当地自然栽培条件，突出重点，分清主次，抓住主要矛盾

各地区对品种的要求往往是多方面的。同时，各地区气候、土壤、耕作和栽培技术条件不同，生产上存在的问题也不完全相同，对良种的要求也相应地存在差异。这就要求在制定育种目标时要善于抓住主要矛盾，突出重点，分清主次。例如，承德北部马铃薯主产区，栽培经验丰富，种植的品种都具有产量高的特点，但近两年，马铃薯黑胫病严重，不仅直接影响丰产性，还对环境有污染，采用药剂防治虽然可以减轻病害的程度，但既会增加成本又会污染环境。面对这种情形，抗黑胫病就成为承德产区马铃薯育种的主要目标之一。而在承德中南部一季有余、二季不足的种植区域，产业结构的调整和提高复种指数的需要要求前茬马铃薯必须为下茬准备充足的生长时间。早熟性是限制复种推广的主要矛盾，因此应着重选育早熟的丰产品种，在此基础上再解决其他矛盾，这样才能做到有的放矢，育成的品种才能符合生产实际需要。

（三）明确具体目标性状，指标落实，切实可行

制定育种目标，切忌笼统为高产、稳产、优质、适于机械化管理等一般化的要求，一定要提出具体指标，落实到具体目标性状上，有针对性地进行选育工作。例如，就培养优质稻谷而言，食用优质稻育种应选育直链淀粉含量中等偏低（20% 左右）、胶稠度 60 mm 以上、食味品质好的品种；而饲料稻育种则应着重选育蛋白质含量高、脂肪含量高的品种。又如，选育早熟品种，要求生育期应该比一般品种至少提早多少天；以抗病品种作为主攻目标时，不但要指明具体的病害种类，而且要落实到某一生理小种上，还要用量化指标提出抗性标准，即抗病性要达到哪一个等级或病株率要控制在多大比例之内等。另外，具体性状一定要切实可行，即通过实施能够实现。否则，脱离实际，目标就无法达成。

（四）育种目标要考虑品种搭配的需求

由于生产上对品种的要求是不一样的，选育一个能满足各种要求的品种是不可能的。因此，制定育种目标时要考虑品种搭配，选育出多种类型的品种，以满足生产上的不同需要。

另外，同一地区仍有多种不同的种植形式（如间种、套种、复种等），而每一种种植方式都需要具有在特征特性上与之相适应的品种。例如，间种要求品种的株型紧凑，边行优势大；复种要求品种的生育期短；等等。这些都要求在制定育种目标时必须具有针对性，只有这样才能提高育种效率。

（五）与当地特定的生态环境、生产技术水平相适应

同一生态环境条件下，作物的不同品系在生育期、主要农艺性状、抗性要求、产量潜力等主要指标上可能会相差很大，这使作物类型与生态环境之间的关系更加密切。因此，在制定育种目标时，必须充分研究待推广地区的生态环境，考虑农业生产发展对品质的要求，适应功能农业发展需要。另外，品种必须适应农业机械化的要求。随着中国土地流转加快，农业机械化应用不断提高，特别在东北、西北的一些土地广阔的省区更应如此。

第五章　生物技术在现代分子设计育种中的应用

生物技术即生物工程技术，是应用自然科学及工程学的原理，以微生物体、动植物体或其组成部分作为生物反应器将物料进行加工，以提供产品为社会服务的技术。生物技术主要包括基因工程、细胞工程、酶工程、蛋白质工程和微生物工程等。

随着现代生物技术的发展，细胞工程育种、基因工程育种以及分子标记技术等日趋成熟，广泛应用于动植物品种遗传改良，在打破物种生殖隔离、目标性状定向选育等方面展现出极其广阔的应用前景。

第一节　细胞工程与现代分子设计育种

细胞工程近年来之所以引人注目，是以为它不仅在理论上有重要意义，还在生产实践上有很大的应用前景。例如，植物组织培养可扩大变异范围，克服远缘杂交的一些障碍，用植物组织培养技术可以快速繁殖优良种苗，生产"人工种子"；用茎尖分生组织培养可快速进行无性繁殖而获得脱毒苗；用花粉培养可培育遗传上纯合的优良新品种；用植物试管受精或幼胚培养可获得种间或属间远缘杂种；用液氮冷冻细胞或组织可保存种质资源；用细胞融合技术可生产体细胞杂种和植物病害检测用的单克隆抗体；用植物悬浮细胞或固定化细胞技术可生产有用的次生代谢产物；等等。这些将给农业的技术革新带来新的发展前景。

一、细胞工程的概念

以生物细胞为基本单位，按照人们的需要和设计，在离体条件下进行培养、繁殖，使细胞的某些生物学特性按人们的意愿发展或改变，从而改良品种或创造新种、加速繁育生物个体、获得有用材料的过程统称为细胞工程。目前，植物细胞工程的主要工作领域包括植物细胞和组织培养、体细胞杂交、细胞代谢物的生产、细胞拆合与克隆等。

二、细胞工程基本原理

细胞是生物体结构和生命活动的基本单位，是细胞工程操作的主要对象。生物界除了病毒和噬菌体这类最简单的生物，其余所有的动物和植物，无论是低等的还是高等的，都是由细胞构成的。植物离体的体细胞或性细胞在离体培养下能被诱导发生器官分化和植株再生，而且再生植株具有一套与母体植株基本相同的遗传信息。同样，如果是已经突变的细胞组织，其再生植株则具有与已突变细胞组织相同的遗传信息。

分子设计育种在动植物育种方面进行研究的目的是快速、高效、定向培育新品种。这离不开基因组学、生物信息学和蛋白质组学的研究发展，而这些基础工作也为林木分子设计育种奠定了坚实基础。

植物细胞工程是以植物组织和细胞培养技术为基础发展起来的一门学科，是细胞水平上的遗传工程。它是以细胞为基本单位，在体外条件下进行培养、繁殖或人为地使细胞某些生物学特性按人们的意愿生产某种物质的过程。植物细胞工程的应用在 21 世纪末就已受到重视，但真正的应用研究在 20 世纪 70 年代才进入高潮。中国率先用花药培养成烟草品种，随后又育成了一些水稻、小麦新品种。例如，"花培 5 号"小麦、"华双 3 号"油菜、"8 号"水稻等大面积推广的品种都是利用细胞工程技术培育的。

细胞全能性是指生物体的每一个具有完整细胞核的体细胞都含有该物种所特有的全部遗传信息。在适当的条件下，体细胞具有发育成为完整植株的潜在能力。细胞全能性是植物细胞工程的理论基础。德国植物学家 Haberlandt 就曾预言，植物体细胞在适宜条件下具有发育成完整植株的潜在能力。只是由于受到当时技术和设备的条件限制，他的预言未能用实验证实。Steward 和 Shantz 用胡萝卜根韧皮部细胞做悬浮培养，从中诱导出体细胞胚并使其发育成完整小植株，第一次用实验证明了 Haberlandt 提出的植物体细胞全能性学说，大大加速了植物组织培养研究的发展。另外，克隆羊、克隆牛的成功均证实了动物体细胞也具有全能性。

三、细胞工程研究内容

（一）细胞和组织培养与作物育种

植物细胞和组织培养是指利用植物细胞、组织等离体材料，在人工控制条件下使其生存、生长和分化并形成完整植物的一种无菌培养技术。在 50 多年的发展中，以植物组织培养为基础的生物技术的研究与发展为植物育种提供了一些新的实验方法和手段，并且培养出了一批在生产上有利用价值的品种。

在植物组织培养中，培养物的细胞处于不断分裂状态，易受培养条件和外界压力（如射线、化学物质等）的影响而发生变异，由此可以进行突变体的筛选。由体细胞培养所获得的再生植株一般称为体细胞无性系，所以将体细胞培养过程中产生的变异植物称为体细胞无性系变异，又叫体细胞克隆变异。

国内外许多研究表明，体细胞无性系变异是获得遗传变异的一个新途径。体细胞无性系变异具有的变异范围广泛、单基因或少数基因变异较多等特点适用于对优良品种进行有限的修饰与改良，以增强作物的抗病性、抗逆性，改进作物品质。例如，在抗病育种中，利用病菌毒素作为筛选剂进行抗病突变体的筛选是一种有效的方法。Carlson 在这方面做了开拓性的工作，他用烟草花药培养的愈伤组织得到细胞悬浮系，从单倍体植株的叶肉得到原生质体，经甲基硫酸乙酯（EMS）诱变后，在含有野火病菌致病毒素类似物氧化亚胺蛋氨酸（MSO）的培养基上进行筛选，获得抗病细胞系并再生了植株。国内外学者利用体细胞无性系变异成功筛选出了甘蔗、玉米、马铃薯、水稻、棉花等多种植物的抗病突变体，其再生植株表现出明显的抗病性。在抗除草剂育种方面，Chaleff 等以烟草单倍体愈伤组织为材料，获得抗 chlorsulfuron 和 sulfometuron methyl 的烟草突变体植株；Anderson 等从玉米体细胞无性系中筛选出了耐咪唑啉酮类除草剂的突变体，对该除草剂的耐性提高了 100 倍，再生植株及其后代在田间条件下对该除草剂均具有较好的耐受性。在抗逆性选择方面，Nabors 等以 NaCl 或海水为选择剂，对细胞或诱变细胞进行筛选，多数突变体的抗性能延续多代；Gossett 等筛选出能忍耐 200 mmol/L NaCl 的细胞系，与抗盐有关的生化指标明显高于对照；Smith 等从高粱种子诱发的愈伤组织获得了耐旱的再生植株及种子，与对照相比，其耐热性、耐旱性均有显著差异。在品质育种方面，Carlson 首次筛选出的抗蛋氨酸类似物的烟草突变体，其蛋氨酸含量比对照高 5 倍；Evans 等曾在番茄的无性系变异中选出了一种干物质含量比原品种高的新品种；赵成章等从水稻幼胚愈伤组织获得的大量再生植株后代中选出了一些矮秆、早熟、千粒重增高、有效穗数多的新品系。

目前，虽然离体筛选有用突变体的工作有较多报道，但真正能应用的事例还很少，今后要加强突变体的遗传规律研究、育种利用研究和变异的分子遗传研究，在理论和实践上推动该方面研究的发展。

（二）单倍体细胞培养

单倍体细胞培养主要包括三个方面，即花药培养、小孢子培养和未受精子房及卵细胞培养，其中花药培养和小孢子培养是体外诱导单倍体的主要途径。1964 年印度学者 Guha 等首次从毛曼陀罗花药培养出了单倍体植株，之后单倍体诱导技术迅速在茄科植物中获得应用，现在这项成果已在 300 多种植物上获得成功。单倍体细胞培养技术应用于作物育种中有如下优点。

1. 使后代快速纯合产生纯系

杂交后代通过花药培养获得单倍体，再通过染色体加倍即可获得纯合系。对于异花授粉作物，可以快速筛选出自交系，从而大大缩短了育种周期。

2. 提高选择效率

如果某一性状受一对基因控制，在 AA×aa→F_1→F2 中，纯合 AA 个体只有 1/4。若采用花药或花粉培养，产生的后代中 AA 个体占 1/2，比常规杂交育种提高 1 倍。如果属两对基因控制，在（AAbb×aaBB）F2 中，选出 AABB 个体的概率只有 1/16。若采用 Fi 花药或花粉培养，Fi 代 AaBb 产生 AB、Ab、aB、ab 四种花粉，加倍后 AABB 个体的频率可达 1/4，比常规杂交育种效率提高 4 倍。

3. 排除杂种优势对后代选择的干扰

对于杂交育种来讲，由于低世代很多基因位点尚处于杂合状态，会有不同程度的杂种优势表现，对个体的选择会造成一定误差；而直接用单倍体进行染色体加倍后的群体进行选择育种，由于各基因位点在理论上均处于纯合状态，选择的变异能更大程度上代表真实变异。

4. 突变体的筛选

由于单倍体的各基因均处于纯合状态，突变体很容易表现出来，从而大大提高了抗性或其他突变体的筛选效率。

5. 遗传研究的良好材料

单倍体是进行连锁群体构建、QTL 估计及定位、基因互作检测和遗传变异估计等数量遗传学的良好材料。尤其是随着近代分子生物学的发展，DH 系在一定程度上作为一种永久 BC 或 F_2 群体，已成为分子标记作图的良好群体。另外，单倍体还可以用来创造非整倍体材料。利用单倍体与二倍体杂交，就可以创造一系列的非整倍体，从而进行染色体遗传功能的研究。

中国花培育种技术走在世界前列，已培育出水稻、小麦、玉米、油菜等多种农作物新品种几十个，在生产上发挥着重要作用。在水稻育种上，花培技术应用成效尤其突出。例如，李梅芳等育成的"中花"系列粳稻花培新品种具有丰产、品质好的优点。在育种方法上，将花药培养育种与南繁加代相结合，大大缩短了育种周期。目前，多将花药培养技术应用于超高产杂交稻的选育，即把水稻的广亲合基因导入不育系和恢复系进行籼粳亚种间的杂交，应用花药培养技术加速培育籼粳杂交种，为提高水稻产量开拓新途径。

花药培养育种虽然取得了突出成绩，但还存在相当多的问题，如诱导率偏低且不稳定、嵌合体较多、禾本科作物的白化苗现象严重等。相信随着组织培养技术的改进，会有更多的新品种通过花药培养的技术产生。

（三）植物原生质体培养和体细胞杂交

1.原生质体培养

原生质体是指植物细胞中除去细胞壁的裸露部分。去除细胞壁的植物原生质体具备下列特点：每个原生质体都含有该个体全部的遗传信息，在适当的培养条件下具有再生成与其亲本相似个体的全能性；在同一时间内获得的大量原生质体在遗传上是同质的，可为细胞生物学、发育生物学、细胞生理学、细胞遗传学及其他一些生物学科提供良好的实验体系；原生质体能够克服性细胞的不亲和障碍，有利于进行远缘的体细胞杂交；原生质体可以直接摄取外源的DNA、细胞器、病毒、质粒等，是进行遗传转化研究的理想受体。因此，植物原生质体在改变植物遗传性、改良作物品种的应用研究以及生物学的基础理论研究中有着广泛的用途。

分离原生质体的方法一般有机械法分离和酶法分离两种。机械法分离是早期采用的分离方法，其先对材料进行质壁分离处理，然后切割，这一过程中会释放出少量的不受损伤的原生质体。这一方法仅能从液泡很大的材料中获得原生质体，而不能应用于分生细胞。酶法分离原生质体是目前常用的方法，可分为一步法和二步法。其中，一步法是用果胶酶和纤维素酶等混合处理材料，直接分离获得原生质体；二步法是先用果胶酶处理材料，降解细胞间层使细胞分离，再用纤维素酶水解胞壁释放原生质体。

原生质体的培养过程包括原生质体的分离、纯化、活力鉴定、诱导再生植株等内容。植物的细胞壁由纤维素、半纤维素、果胶质及少量蛋白质等成分组成，而细胞壁之间由胞间层黏着在一起。分离原生质体是先除去胞间层，游离出单个细胞，再去除各个细胞的细胞壁。分离原生质体后，在培养之前要进行活性测定，将胞质环流速度、氧的摄入量、光合活性等作为指标或是用二乙酸荧光素染色等方法进行测定。将经分离纯化的原生质体在培养前调到适合原生质体培养的密度（$10^3 \sim 10^5$ 个 /mL）后再进行培养，根据作物和材料来源不同选择不同的培养方法。例如，平板培养、液体浅层培养、悬滴培养、琼脂糖包埋、液固双层培养、看护培养等都是原生质体培养常用的方法。原生质体培养的适宜温度一般为 $22 \sim 25\,^\circ\mathrm{C}$，过高过低的温度都对其有害。但也有些植物要求 $27 \sim 30\,^\circ\mathrm{C}$，在 $25\,^\circ\mathrm{C}$ 时则不能形成愈伤组织。在适当的培育条件下，原生质体很快就会开始细胞壁再生和细胞分裂，一段时间后，在培养基上会出现一团肉眼可见的细胞团，即愈伤组织形成。然后将愈伤组织转移到分化培养基上诱导芽和根，使其形成再生植株。

2. 体细胞杂交

体细胞杂交即体细胞融合，在植物中亦即原生质体融合。它为克服植物有性杂交不亲和性、打破物种之间的生殖隔离、扩大遗传变异等提供了一种有效方法。从理论上讲，利用适当的物理和化学方法可以将任何两种原生质体融合在一起，并且利用适宜的培养方法可以由融合的原生质体再生出杂种植株，即产生体细胞杂种。

体细胞杂交包括原生质体分离及融合、杂种细胞筛选及培养、杂种植物再生及鉴定等一系列步骤。诱导原生质体融合的方法常见的有 $NaNO_3$ 处理、高 pH– 高浓度钙离子处理法、聚乙二醇（PEG）法和电融法等。虽然 Carlson 等（1972）利用 $NaNO_3$ 处理诱发融合在植物中获得了第一个体细胞杂种，但此法有着融合频率低的严重缺陷，并且对来源于叶肉的高度液泡化的原生质体有害。高 pH– 高浓度钙离子处理诱发融合的机制不是很清晰，通常认为其是改变了膜电位及膜的物理结构。PEG（聚乙二醇）法诱导不仅融合率高，还容易使二核融合体频率增加且无特异性。PEG 是一个高分子量的多聚体，25% ～ 50% 的 PEG 可立刻刺激原生质体收缩并发生聚集。使用 PEG 法诱发融合后应逐步去除，因为 PEG 的分子量及浓度、原生质体材料的来源、分离原生质体所用的酶制剂、离子的种类和浓度、融合温度等都会影响原生质体聚集及随后的融合。电融合包括电泳和融合两个步骤，其中电泳是指在电极的作用下，原生质体移动到一起，建立一个膜接触状态，形成念珠链；融合是指膜的可逆性电激促使原生质体发生融合。电融合法由于能够避免化学物质的潜在毒害而受到了重视。融合率与很多因素有关。例如，两个亲本的原生质体相互融合后先形成异核体，而异核体再生细胞壁后在进行有丝分裂的过程中发生核融合，形成杂种细胞。经过融合处理的原生质体材料内既有未融合的两种亲本类型的原生质体，也有同核体、异核体和其他核 – 质组合，需先进行筛选，再诱导培养获得再生植株。如何选出异源融合体的杂种细胞是一项比较复杂的关键技术，若不及时筛选，亲本原生质体的生长很快就会掩盖杂种细胞的生长。常用的杂种细胞筛选体系有形态互补、遗传互补、代谢互补、生长互补。最后需要确定再生植株是否为杂种植株，可以通过形态性状判别、染色体鉴定、同工酶鉴定以及分子标记方法鉴定等方法进行确认。

目前，研究人员利用原生质体融合技术已从很多作物种、属间，甚至科间获得了体细胞杂种，创造了一些自然界不存在的植物类型，有效地拓宽了植物育种的资源。例如，用体细胞杂交技术成功选育出了雄性不育水稻、烟草新品系，获得了马铃薯、甘薯、番茄等作物与其野生种的属间杂种，以及马铃薯与番茄、柑橘与枸橘的杂种。体细胞杂交技术在作物品质育种、抗性育种中取得了明显成效。

第二节　转基因技术与现代分子设计育种

转基因技术是现代科技史上发展最快、在农业上推广应用速度最快的技术之一，同时也是引起争议最大的一门技术。尤其是近年来，转基因技术商业化所引发的争论更加激烈。世界各国对转基因技术商业化的态度迥然不同，其中美国是对转基因技术最为推崇的国家，其转基因作物种植面积大约占全球的50%，欧盟、日本、新西兰等地区和国家则采取了非常谨慎的态度。这种差异说明，对转基因技术采取何种态度要立足于本国国情，全面衡量本国的技术、经济发展水平和相关产业发展状况。

中国高度重视转基因技术的发展，2008年，国务院批准了转基因生物新品种培育重大科技专项，计划在未来15年内投入200多亿元用于发展转基因技术，"获得一批具有重要应用价值和自主知识产权的基因，培育一批抗病虫、抗逆、优质、高产、高效的重大转基因生物新品种，提高农业转基因生物研究和产业化整体水平，为中国农业可持续发展提供强有力的科技支撑"是实施转基因生物新品种培育重大科技专项的主要目标。2013年12月23日，习近平在中央农村工作会议上发表了对转基因问题的看法。他说，"我强调两点：一是确保安全，二是要自主创新。也就是说，在研究上要大胆，在推广上要慎重。转基因农作物产业化、商业化推广，要严格按照国家制定的技术规程规范进行，稳打稳扎，确保不出闪失，涉及安全的因素都要考虑到。要大胆创新研究，占领转基因技术制高点，不能把转基因农产品市场都让外国大公司占领了。"

到目前为止，中国没有批准任何转基因主粮的商业化生产，但是支持转基因的态度是坚定的。加强农业转基因生物技术研发和监管是党中央做出的重大战略决策。落实这一战略决策部署的关键是要确立符合中国国情的转基因技术发展方向和重点领域。转基因粮油作物研发育种是转基因生物新品种培育的重要组成部分，目前中国在该领域已取得了一些突破性进展，但是由于起步较晚，与发达国家相比仍存在一定差距。

在中国，如何发展转基因技术存在着两个亟待解决的关键问题，迫切需要开展相关研究。一是如何正确评价转基因技术。目前，国内对发展转基因技术的态度不一，如何对转基因技术有一个客观的评价，既不盲目夸大，又不全盘否定，是中国在发展转基因技术的过程中必须要解决的问题。二是符合中国国情的转基因技术的发展方向和重点领域是什么？这需要在全面考察国外转基因技术的发展动态、知识产权格局和未来趋势的基础上，结合中国农业发展和粮食安全的现实需要，对中国转基因技术的发展方向和重点领域开展专门研究。

一、转基因技术的具体应用

基因工程技术应用于植物遗传改良解决了常规遗传改良中存在的一些难题，逐渐发展成为一种新的遗传改良手段。虽然植物基因工程在遗传改良中的应用仍然存在许多难题，但其应用价值越来越受到重视。自从 1983 年第一例转基因植物（烟草）问世以来，转基因作物种植面积不断增长。1996 年，全球转基因种植面积为 1.7×10^6 hm^2，2007 年达到 1.143×10^8 hm^2，2015 年达到 1.797×10^8 hm^2。2015 年，共有 28 个国家种植了转基因作物，包括 20 个发展中国家和 8 个发达国家。其中，美国的种植面积达 7.09×10^7 hm^2，占绝对优势。中国在 20 世纪 80 年代就开始了转基因作物的研究工作，1999 年启动了"国家转基因植物研究与产业化"专题，重点开展功能基因克隆、转基因新材料创制、基因转化核心技术创新、新产品培育与产业化、转基因植物安全性评价以及转基因平台建设等研究工作。目前，中国共批准发放了 7 种转基因植物的农业转基因生物安全证书，即 1997 年发放的耐贮存番茄、抗虫棉花安全证书，1999 年发放的改变花色矮牵牛和抗病辣椒（甜椒、线辣椒）安全证书，2006 年发放的转基因抗病番木瓜安全证书，2009 年发放的转基因抗虫水稻和转植酸酶玉米安全证书。但是，只有转基因抗虫棉花和抗病毒番木瓜进行了商业化生产。

（一）转基因水稻

中国是世界上最大的稻米生产国和消费国。1988 年，中国开始水稻转基因的研究，部分转基因水稻的研发居于世界领先水平，目前处于由基础研发向产业化发展的阶段。2001 年，中国公布了世界上第一张水稻全基因组工作框架图，

2002 年，我国完成了首张水稻基因组的精细图，并完成了水稻第四号染色体的精确测序，为世界水稻研究和生产做出了重要贡献。2009 年，农业部（现为农业农村部）为华中农业大学研制的"华恢 1 号"和"Bt 汕优 63"两种转基因抗虫水稻发放了安全证书。该品系的研发工作始于 1995 年，1999 年该品系通过了农业部的成果鉴定，同年开始中间试验，2002 年完成环境释放，2003—2004 年进行生产性试验。并且，高抗、广谱和无选择标记新型抗虫、抗草甘膦转基因水稻品系也进入生产试验阶段；抗除草剂、白叶枯病、稻瘟病转基因新材料进入了中间试验阶段。此外，还创制了一大批抗逆、品质改良、功能型、高产等转基因水稻材料。

经过努力，中国已培育出一批有重要价值的转基因新品系。

（1）抗虫转基因水稻。华中农业大学等单位选育出的抗鳞翅目害虫的转基因水稻有 Bt 汕优 63、华恢 1 号、明恢 86 和克螟稻等系列品系，对螟虫具有高度的抗性，初孵幼虫若取食抗虫转基因水稻，一般在两天内就会死亡，能够基本解决鳞翅目害虫对水稻的危害。

（2）抗除草剂转基因水稻。1988 年，中国水稻研究所开始培育抗草胺膦除草剂的转 Bar 基因水稻品系，这一品系不仅抗除草剂效果较好，还能用于杂交水稻的去杂保纯。随后，中国科学院亚热带农业生态研究所等单位也陆续选育出了抗除草剂水稻新品系 Bar68-1 和旱稻 297。近几年，中国水稻研究所又用新型的抗除草剂基因 *EPSPs*、选育出了抗草甘膦除草剂新材料 AntiGl、AntiG2。目前，转 Bar 基因水稻已通过了中间试验、环境释放、生产性试验安全性评价，获得了安全证书。

（3）耐盐和耐旱的转基因水稻。中国水稻研究所已将含多个耐盐和耐旱相关基因（*SKC1*、*mtlD*、*CMO*、*BADH*）导入不同的主栽稻品种，并成功选育出了越秀 T22-77 为代表的耐盐新品系，已申请环境释放。

（4）抗病转基因水稻。中国水稻研究所联合全国的优势单位，将抗白叶枯病基因 *Xa21*、*Xa27*、*Xa5* 和抗稻瘟病基因 *Pi9*、*Pi2*、*Pid2* 导入全国不同生态区域的主栽稻品种，选育了一系列抗病转基因杂交稻恢复系和常规粳稻新品系，并已进入转基因水稻安全评价的不同阶段。

（5）养分高效转基因水稻。浙江大学和南京农业大学等单位利用氮高效基因 *OsNRT2.3b*、磷高效基因 *OsPHF1* 和钾高效基因 *OsAKT1* 转入高产粳稻（华粳 295、秀水 134、武育粳 7 号），培育了养分高效转基因水稻新品系，并已进入环境释放阶段。

（6）高产转基因水稻。研究人员利用克隆的 *IPA*1 等水稻重要功能基因，已获得一系列不同分蘖梯度的水稻品系，为建立水稻"理想株型"模型和超级稻分子育种奠定了基础。

（二）转基因玉米

我国玉米转基因技术研究起步较晚，但也取得了一定的成就，目前玉米规模化转基因技术体系已经初步构建并投入应用，并获得了一些具有育种价值的转基因玉米新材料，具有自主知识产权的转 EPSPS 基因耐除草剂玉米和转 Bt 基因抗虫玉米已进入生产性试验和环境释放阶段，可与国外品种抗衡。转植酸酶基因玉米新品系是中国少数拥有自主知识产权的品种之一，于 2009 年通过了安全评价，并获得了安全证书。另外，我国也创制了一批抗旱、耐盐、耐冷、抗粗缩病、高氨基酸以及磷或钾高效利用等转基因玉米新材料。

转基因植酸酶玉米是中国自主创新的一个标志性成果。中国具有世界上规模最大的养殖业，每年饲料玉米用量上亿 t。饲料玉米中含有一种富含磷营养的"植酸磷"，因无法被动物消化吸收而白白浪费，并随动物粪便排放到水域，导致了水体的富营养化，加剧了蓝藻、赤潮等环境污染。同时，为了补充饲料中的磷营养，我国每年又不得不大量进口磷酸氢钙。为了破解中国畜牧业发展和环境保护中的这一难题，科学家创造性地从真菌中分离出高效植酸酶基因，并将此基因直接转入玉米，动物食用后就能将植酸磷转化为可以直接吸收的磷营养，同时能增强饲料中多种养分的利用效率，显著提高肉蛋品质产量。

我国玉米转基因技术体系构建起步于 20 世纪 90 年代，涉及的玉米转基因方法包括农杆菌介导法、基因枪法、子房注射法、花粉管通道法等，但目前主要采用的是农杆菌介导法和基因枪法。利用所建立的玉米转基因技术体系，我国科学家研发出了具有重大应用价值并获得了转基因生物安全证书的转基因植酸酶基因玉米，研发出了具有产业化前景的抗虫或抗除草剂转基因玉米材料。同时，利用转基因技术手段获得了转基因玉米植株，对许多基因的功能进行了深入研究。

国外孟山都、先锋等公司已具备很成熟的玉米转基因技术体系，某些公立机构实验室也实现了稳定的玉米遗传转化效率。但对于我国大部分实验室来说，玉米转基因技术还有待于进一步探索，转化效率还有待于进一步提高。提高玉米遗传转化效率，需要在技术细节上进行优化，如受体选择、侵染方法及条件的优化、培养基成分优化等方面。在继续提高转化效率的同时，还应紧跟世界玉米转基因技术发展趋势，大力发展多基因转化技术、基因打靶技术及安全转化技术，使转基因玉米技术体系更好地服务于基因功能研究、转基因玉米产品研发等。

（三）转基因小麦

中国转基因小麦的发展速度相对较慢。抗黄花叶病转基因小麦品系已进入生产试验阶段；抗旱转基因小麦新品系和耐盐转基因小麦新品系已进入环境释放阶段；抗赤霉病、纹枯病，钾、磷高效利用转基因小麦已进入中间试验阶段。此外，我国还创制了一批抗除草剂、抗穗发芽、抗白粉病、抗大麦黄矮病毒、抗蚜虫等优质转基因材料。

目前，中国科学家已经初步构建了小麦转基因技术体系，既能够利用基因枪介导转化小麦幼胚技术，使转化率达到 $0.79\% \sim 3.52\%$；也能够利用农杆菌介导转化小麦幼胚技术，使敏感基因型 β - 葡萄糖苷酸酶（（GUS）瞬间表达率达 50% 以上。

（1）抗病基因研发方面。病虫害是造成小麦减产的重要限制因素。自 1994 年以来，我国在小麦抗病虫转基因研究方面取得了可喜的进展，已发表小麦抗病虫转基因研究的相关学术论文近百篇。

（2）抗逆基因研发方面。干旱、盐碱和低温等是限制小麦产量的重要非生物因素。为了充分利用现有耕地，提高小麦产量，小麦抗逆育种显得尤为重要。

（3）抗除草剂研发方面。小麦转基因抗除草剂的研发相对玉米、油菜、棉花和甜菜较落后，目前已取得了明显的进展。中国农业科学院生物技术研究所和中国农业大学等已经开展了相关研究，不久将会有独立知识产权的转基因抗除草剂小麦品种（品系）问世。

（4）抗旱研发方面。干旱是中国北方地区农业生产面临的一个严重问题。培育抗旱能力强的作物品种是农业科学家需要解决的重要课题。中国农业科学院作物科学研究所实施了"抗逆转基因小麦新品种培育"重大课题，在抗旱转基因小麦研发方面取得了显著进展，创制出了一批具有自主知识产权的抗旱转基因小麦新品系。

（四）转基因大豆

中国是大豆的原产国和主产国。大豆胚胎结构的特点使其成为遗传工程改良最困难的作物之一。与国外相比，我国转基因大豆仍处于基础研究阶段，离产品投放阶段还有一定的距离。其中，抗大豆食心虫、抗苜蓿夜蛾、抗蚜虫大豆已进入环境释放阶段；抗草甘膦除草剂、新型转双价基因抗除草剂、抗旱、高含硫氨基酸、钾高效大豆等已进入中间试验阶段。

国内转基因大豆研发多围绕构建高效且稳定的规模化遗传转化体系和大豆再生体系、改良大豆性状（抗除草剂、抗虫、抗病、抗逆、品质性状等）转基因育种、转基因检测、安全性评价等方面展开。1988 年，我国科研人员就采用子房微注射的方法获得大豆转基因植株，开创了我国利用转基因技术进行大豆遗传改良的新纪元；1999 年，徐香玲等将几丁质酶基因转入到栽培大豆品种中，通过分子水平检测证明获得了大豆转基因植株；2004 年，中国科研工作者首次报道了以胚尖为外植体、根癌农杆菌介导的大豆转基因技术体系，引起了国内外同行的重视。经过多年的努力，中国已建立世界上为数不多的转基因育种自主研发技术体系。中国农业科学院作物科学研究所已成功研制出耐盐、花期调控、优质等具有潜在育种价值的转基因大豆材料，针对耐除草剂、抗虫、脂肪酸改良、耐旱等性状开展研发并获得了一批转基因材料。

（五）转基因棉花

在棉花转基因育种方面，棉花主要有孟山都、拜耳等公司培育的抗棉铃虫、抗除草剂等品种。随着技术的进步，复合性状已成为转基因作物的一个非常重要的特点，也是未来的发展趋势，它能满足消费者的多样化需求。作为棉花分子育种技术产品商业化的代表成就之一，转基因抗虫棉花品种的商品化种植已经得到了许多国家和地区的批准。中国成功导入棉花的外源基因有抗虫基因、抗病基因、抗除草剂基因等，生物环境释放也已得到批准，获得的转基因株系已选育成新品种，或配置成杂交种在生产上应用。根据目前的发展情况，转基因抗棉红铃虫、抗象鼻虫、抗黄萎病、抗旱、高强纤维、天然彩色纤维等生物技术育种正在国内外兴起，估计在不久的将来就会有所突破。在棉花转基因研究方面，Walford 等鉴定出了一个 GhMYB25-like 的 R2R3-MYB 转录因子，该转录因子在棉花纤维细胞分化的早期阶段能够发挥重要作用。RNAi 抑制 GhMYB25-like 转录因子表达的棉株出现了毛状体正常的无纤维种子，而超表达转基因棉花的 GhMYB25-like 转录本在胚珠中的表达量升高，但纤维量没有增加，这表明还有其他的因子与 GhMYB25-like 转录因子互作来调控胚珠表皮细胞向纤维细胞的分化。RNA 在真核生物基因表达调控中起着重要的作用。Mao 等以棉铃虫 P450 基因 CYP6AE14 为靶基因，构建了转双链 RNA（dsRNA）拟南芥和烟草株系。其以 dsCYP6AE14 转基因植株棉籽酚饲喂棉铃虫，发现棉铃虫中 CYP6AE14 基因的表达量降低且生长减缓。研究表明，转 dsCYP6AE14 基因的植株对棉铃虫的抗性提高了，而 RNA 技术可用于抗虫棉的培育。

（六）转基因西瓜

西瓜的转基因研究重点是建立有效的遗传转化体系，而随着体系的不断优化与完善，研究目的逐渐侧重于西瓜的遗传改良，特别是抗病基因工程。目前，农杆菌介导法是西瓜转基因研究中应用最广泛，也是最有效的方法。但遗传转化效率低、缺乏重要功能性状基因、转基因西瓜的生物安全性缺乏系统的评价等是目前转基因西瓜育种遇到的主要问题。

在西瓜抗病育种研究方面，Yu 等运用农杆菌介导法，将含有截短的 ZYMV、coat protein（CP）和 PRSVWCP 基因的嵌合载体导入西瓜，获得了 3 个西瓜品种的 27 个转基因单株，分别是 "Feeling"（23 个单株）、"Chinababy"（3 个单株）、"Quality"（1 个单株）。对其中 10 个 "Feeling" 转基因单株进行温室病毒鉴定，发现 2 个转基因单株体内没有出现病毒的积累，研究表明，这两个单株对这两种病毒具有免疫性，表明 RNA 介导的转录后基因沉默是双病毒抗性的分子机制。Lin 等将西瓜银斑病毒（WSMoV）部分 N 基因的 DNA 沉默子序列与黄瓜花叶病毒（CMV）、黄瓜绿斑驳花叶病毒（CGMMV）和西瓜花叶病毒（WMV）的部分蛋白质衣壳序列融合，构建了一个嵌合转基因载体，通过农杆菌侵染将该载体导入西瓜品种 "Feeling"，通过 CMV、CGMMV、WMV 3 种病毒侵染发现 R1 代植株中 CGMMV CP 转基因片段的缺失可能导致 R1 植株对 CGMMV 不具有抗性，而 RNA 介导的转录后基因沉默是抗病性的基础。

（七）转基因黄瓜

黄瓜转基因育种研究近年来发展较快，多项黄瓜基因型转基因工作取得突破性进展，改变了葫芦科作物转基因难的技术问题。Liu 等通过农杆菌介导将拟南芥中的 ICE1 基因转化到黄瓜的基因组中，利用聚合酶链反应（PCR）和 Southern 印迹杂交技术筛选得到转基因植株，利用 RT-PCR 技术对 ICE1 基因的表达进行了测定。与野生型相比，转基因植株表现出矮生、节间缩短、第一个雌花的节间变长、每个节间雌花减少等表型，且在冷胁迫下，4 个转基因株系（IF3、IF6、IF7、IF10）的寒害指数显著降低，表明它们的耐寒性得到提高。Gupta 等利用农杆菌介导的方法将与 rd29A 启动子链接的拟南芥 CBfl 基因转化到黄瓜品种 Poinsett76 中。在冷胁迫条件下，与野生型相比，转基因植株叶片的膜伤害指数显著下降，抗氧化剂、游离脯氨酸、相对水含量均显著增加，T2

代转基因植株能够存活 36 小时，野生型植株不能存活。Yang 等图位克隆了黄瓜刺瘤基因，并利用转基因技术成功对该基因进行了遗传互补验证。

（八）转基因甘蓝

王丽等采用农杆菌介导法，将 BtCrylla8 抗虫基因转入早熟春甘蓝自交系 F2011 中，并使其在 23 株抗性植株中得到表达；对转基因植株进行 ELISA 检测，其 Bt 毒蛋白含量在 201.9 ～ 241.3 ng/g（FW）；离体饲虫试验结果表明，转基因植株对敏感小菜蛾和 CrylAc 抗性小菜蛾均具有较好的抗性，且 Bt 毒蛋白表达量越大，植株抗性越强。周国雁等通过农杆菌介导法将来自菠菜的甜菜碱醛脱氢酶（BADH）基因导入甘蓝品系 03079，并建立了甘蓝高效转化体系。转基因甘蓝植株经 PCR 和 Southern 杂交检测证明，BADH 基因已稳定整合到甘蓝基因组中。甜菜碱脱氢酶活性测定结果表明，经过聚乙二醇、NaCl 和干旱处理的转基因甘蓝植株的 BADH 酶的平均比活力在 2.1 ～ 3.6 U/mg，经过处理的转基因株系酶比活力显著高于相应的未转基因株系。膜的相对电导率测定结果说明，经过 PEG、NaCl 和干旱处理的转基因植株平均相对电导率在 16.2% ～ 32.6%，耐逆境胁迫处理后的绝大多数转基因株系相对电导率显著低于相应对照。多数转 BADH 基因甘蓝植株在干旱、盐胁迫和 PEG 胁迫条件下生长势强于未转基因植株。王凤华等以夏光甘蓝下胚轴为材料，采用含激活标签 PSKI015 的农杆菌 GV3101 进行遗传转化研究。采用 GV3101 转化下胚轴结合 glufosinate 筛选，获得了两株表型变异植株：一株叶片中心绿色，边缘黄化；另一株叶片卷曲。PCR 检测显示这两株植株均含有 PSKI015 增强子序列，Southern Blot 结果显示这两株植株具有明显的杂交信号，说明这两株植株为激活标签突变体。

（九）转基因梨

梨的组织培养与转基因研究至今已有 10 多年，在再生体系的建立及外源目的基因的导入两方面已取得了不少的成就，但仍存在很多亟待解决的问题，如受基因型的限制，有些品种再生能力较差，研究范围还较窄。另外，再生频率与转化频率之间存在一定的差距，即使再生能力较强，转化频率也不一定高，基因转化的方法比较单一。与梨产量、品质及抗性等相关的外源目的基因的分离及转入植株的研究都还处于起始阶段。

在开花机理研究中，通过对开花分子机理的研究发现一些基因的异位表达能够促进生殖发育。Freiman 等采用 RNAi 的方法沉默梨的内源基因 PcTFLl-1

和 PcTFLl-2，获得了"Spadona"的一个转基因株系，其被命名为"早开花Spadona"（EF-Spa）。EF-Spa 植株的 PcTFLl-1 和 PcTFLl-2 基因被完全沉默，此植株出现早花的表型。EF-Spa 在顶枝或侧枝形成单个花，降低了营养生长活力。授粉后的 EF-Spa 梨树结有正常的果实和可育的 F1 种子。通过沉默 PcTFLl 基因获得了早花的转基因株系 EF-Spa，为加速梨树的育种进程提供了参考。Matsuda 等将柑橘早花基因 FLOWERING LOCUST（CiFT）转化到欧洲梨品种"LaFrance"和"Ballade"中，转基因植株含有 1～4 个拷贝的 CiFT基因。7 个"LaFrance"转基因植株和 5 个"Ballade"转基因植株在试管快速繁殖阶段就产生了早开花现象。结果表明，CiFT 基因诱导转基因梨树产生了早花现象，并且可以遗传给它们的后代。在抗逆转基因研究中，为了验证亚精胺合成酶基因（SPDS）是否能够介导长期的重金属胁迫，Wen 等将苹果 SPDS基因在欧洲梨品种"Ballad"中进行超表达，获得了 32 号转基因株系，并用 $CdCl_2$、$PbCl_2$、$ZnCl_2$ 或它们的混合物进行了重金属胁迫处理。结果表明，亚精胺含量与增强植物的重金属抗性有关。

二、植物基因工程在育种中的应用

植物基因工程技术作为育种工作的一个突破，大大拓宽了植物可利用的基因库，按照人们事先计划好的方案引发变异已成为现实，给植物育种带来了变革，变革主要表现在以下几方面：①能够打破生殖隔离，使转基因技术为拓宽植物可利用基因库创造了条件，并提供了新的创造变异的技术手段；②用于基因工程育种的基因大多研究得较为清楚，改良植物的目的性状明确，选择手段有效，使引发植物产生定向变异和进行定向选择成为可能；③改良植物的一些关键性状会使原推广品种在很大程度上得到提高，不但可以缩短育种年限，而且可能在不同的生态区取得全面突破；④随着对基因工程认识的不断深入、新基因的克隆和转基因技术手段的完善，对多个基因进行定向操作也将成为可能，这在常规育种中是难以想象的，而且有可能引发新的"绿色革命"。

（一）改良品质

植物转基因工程技术已成为当今植物遗传育种、改良品种体系的重要途径之一，其研究成果和应用前景备受重视。虽然现在用于植物性状改良的基因还相当有限，但植物性状改良已取得很多成果，改良措施主要有以下几个。

（1）将某些蛋白质亚基基因导入植物，如将高分子量谷蛋白亚基（HMW）导入小麦以提高烘烤品质等。

（2）将与淀粉合成有关的基因导入植物，如将支链淀粉酶基因导入水稻以改善其蒸煮品质等。

（3）将与脂类合成有关的基因导入植物，如将脂肪代谢相关基因导入大豆、油菜以改善其油脂品质等。

（4）将编码广泛的氨基酸或高含硫氨基酸的种子贮藏蛋白基因导入植物，如将玉米醇溶蛋白基因导入烟草、马铃薯等以改良其蛋白质的营养品质等。

这些研究成果已在某些国家获得商业化生产，不仅改良了品质，还提高了产量。

（二）提高抗性

1.抗病毒性

自 1986 年将烟草花叶病毒（TMV）外壳蛋白基因导入烟草，获得首例抗病毒转基因烟草以来，植物抗病毒基因工程的研究日趋活跃。美国已批准转基因抗病毒马铃薯、葫芦、番木瓜品种进行生产。

2.抗病虫性

作物病虫害也是减产的重要原因之一。植物基因工程在该领域的应用较为活跃。实验中将编码具有杀虫活性产物的基因导入植物后，该基因的表达产物能破坏害虫的消化功能，损伤害虫的消化道，最终使害虫残废直至死亡。

3.抗除草剂

抗除草剂的基因工程技术主要针对几种常用除草剂发挥作用：①草甘膦是一种广谱除草剂，利用源于细菌、植物抗性细胞系的基因可提高植物对草甘膦的耐受性。这类基因已导入烟草、大豆、棉花、玉米等植物株系。②草丁膦是一种灭生性除草剂，可抑制谷氨酰胺合成酶的作用，使氨积累造成植物中毒。草丁膦源于土壤细菌的 bar 基因，目前 bar 基因已导入大麦、油菜、水稻、小麦、玉米等，获得了大量草丁膦抗性株系。③ 2，4-D 是一种生长素类似物，可选择性地抑制双子叶植物生长，源于细菌 tfdA 基因编码的 2，4-D 单氧化酶将其氧化解毒。该基因已在大豆等双子叶植物中发挥作用。

4.抗逆境

用于抗逆研究的基因有以下几类：①逆境诱导的植物蛋白激酶基因，如受体激酶基因、核糖体蛋白的激酶基因等；②编码细胞渗透压调节物质基因，如12 磷酸甘露脱氢酶基因 mtD 等；③超氧化物歧化酶（SOD）基因，可以消除恶劣环境使植物产生的活性氧；④细胞蛋白质变性的基因，如编码蛋白族 HSP60/

HSP70 的基因。目前，我国已获得了耐盐碱的转基因烟草、玉米、水稻等。

三、植物基因组测序研究

随着测序技术的发展和测序成本的降低，越来越多的植物基因组测序项目启动并取得了重大进展。2000 年，第一个模式植物拟南芥全基因组序列的发表揭开了植物基因组研究的序幕。近年来，水稻、玉米、小麦、大麦、黄瓜、土豆、西瓜、白菜、苹果、草莓、葡萄、杨树等几十种植物基因组测序已经完成。各种测序技术的发展和应用不仅缩短了全基因组测序所需的时间，还降低了测序成本，明确了研究方向，加快了实验研究进程，使对植物生长发育的探究上升到基因分子水平，为在分子水平进行育种研究提供了新的视野。

（一）小麦 D 基因组测序研究

贾继增等采用全基因组鸟枪法对 AL8/78 山羊草基因组进行了测序，得到了覆盖山羊草基因中的不同大小的 reads。对这些 reads 进行拼接就得到了 scaffolds，这些 scaffolds 覆盖基因组 83.4% 的区域，其中 65.9% 的区域含有转座元件。随后，采用转录组测序获得了综合的 RNA-seq 数据，预测得到了 43 150 个编码基因，其中 30 697 个基因通过高密度遗传图谱被特异锚定到基因组上。全基因组分析表明，农艺相关基因家族的扩展与抗病性、抗逆性和籽粒品质相关联。山羊草基因组草图序列有助于对普通小麦的适应性进行理解，并能够辅助构建麦类作物基因组精细图。

（二）大麦基因组测序研究

大麦是世界上最早的驯化作物之一。研究人员将物理图谱、遗传图谱和功能基因序列整合，在全基因组水平上对大麦的基因区域进行了描述。此外，研究人员构建了一个 4.98 Gb 的物理图谱，其中 3.90 Gb 的区域能够锚定到高分辨率的遗传图谱上。联合全基因组鸟枪法测序拼接、互补 DNA 以及 RNA 深度测序，预测了 79 379 个转录本，通过与其他植物基因组序列进行同源比对分析，鉴定了 26 159 个高置信度的基因序列。转录本可变剪切、提前终止密码子和新的转录作用区域表明，转录后处理是一种重要的调控机制。不同品种的 Survey 序列分析揭示了广泛的单核苷酸变异（SNV）信息。

（三）野生稻基因组测序研究

野生稻含有丰富的农艺基因资源。Chen 等对短花药野生稻的基因组（261 Mb）进行了从头测序。本研究中共预测了 32 038 个编码基因，70% 的基因与水稻基因组存在共线性。非共线性基因的断点分析表明，非同源末端的双链断裂修复在野生稻基因活动和共线性改变过程中具有重要作用。在水稻基因组中，常染色质到异染色质的转化伴随着片段化的随机复制和转座元件插入。而短花药野生稻的高质量基因组序列为野生稻功能基因组和进化研究提供了重要的信息。

（四）番茄基因组测序研究

番茄是研究果实发育的重要模式作物。研究人员结合 Sanger 测序和下一代测序技术对自交系番茄品种 "Heinz1706" 的基因组进行了测序。基因组大小约为 900 Mb，符合先前的估计。91 个 scaffodlds 组装成了 12 条染色体，包含 760 Mb 的基因组区域，大部分的 gap 主要分布在丝粒中心区域。研究人员还对野生番茄 LA1589 的基因组进行了测序，拼接得到了 739 Mb 的基因组草图序列。野生番茄和栽培番茄两个基因组只存在 0.6% 的核苷酸差异，但是与马铃薯相比，却表现出 8% 的差异，包括 9 个大的和许多小的基因组倒位。与拟南芥基因组相比，番茄和马铃薯基因组上的 smallRNA 主要分布在富含基因序列的染色体区域，包括基因启动子区域。茄属植物经历了两个连续的基因组三倍化过程，这些三倍化现象揭示了控制果实颜色和果实肉质的基因的新功能。

（五）梨树基因组测序研究

Jim 等运用 BAC-by-BAC 结合新一代 Illumina 测序平台策略完成了梨基因组草图的研究。测序共得到了 512 Mb 的序列，达到了这个高度杂合物种基因组大小估计值的 97.1%。高密度基因图谱包括 2 005 个 SNP 标记，测定了 17 个染色体组的 75.5% 的序列。梨基因组编码 42 812 个蛋白编码基因，其中 28.5% 的基因在表达的时候有多种剪切形式。被鉴定出的大量重复序列长达 271.9 Mb，占了梨基因组的 53.1%。研究发现，梨与苹果的分化发生在 540 万～ 2 150 万年前。与苹果基因组比较发现，造成两者基因组大小差异的主要原因是转座子含量的不同，而两个物种基因区的共线性程度非常高。

四、遗传图谱构建

绘制作物遗传图谱意味着可以进行分子标记辅助育种，因为连锁图谱可以直接提供控制农艺性状的基因在染色体上的位置、控制某一性状的基因个数以及基因的表达等信息，这些信息即可指导有利目的基因的遗传重组以及非常规育种来源基因的整合和监控。遗传图谱不仅能够使种内或属内比较基因组的研究成为可能，还是进行基因克隆、功能基因研究和基因工程的前提条件。

（一）基于重测序技术的遗传图谱构建

以 bins 为 markers 通过全基因组重测序检测得到 SNPs 进行基因分型，9311 和日本晴构建的 F11 的 150 个 RILs，每个 RIL 测 0.02x 数据，所得数据与 2 个亲本基因组数据进行比对，开发了 sliding window 的方法来检测 SNPs 和重组位点，并判断子代的基因型。研究结果表明，两亲本间检测到 1 226 791 个 SNPs，将 RIL 群体的测序 reads 比对回这些区域共找到 1 493 461 个 SNP 位点，平均每 40 kb 有 1 个 SNP；基于两亲本中鉴定得到的 SNP，用连续的 15 个 SNP 位点作为 1 个 sliding window 进行基因分型。根据每个 window 中 SNP 的分布频率，将子代群体进行基因分型，最终在 RIL 群体中找到了 5 074 个重组位点，平均每个个体 38.8 个位点；在 RIL 群体中，100 kb 的范围内具有相同基因型的区段则认为是一个重组 bin。在 150 个 RIL 群体中，共找到 2 334 个重组 bin，几乎包含了群体中所有的重组位点。每个 bin 的平均物理长度为 164 kb，长度从 100 kb 到 5.8 Mb 不等；构建的遗传图谱全长 1 539.5 cm，标记间平均距离为 0.66 cm。基于这张遗传图谱，定位了一个株高相关的 QTL，其位于 1 号染色体 40.1 ~ 40.2 Mb，该区间含有一个半矮秆基因 sdl。

（二）基于 RAD-seq 技术的遗传图谱构建

基于 PCR 的分子标记目前仍然在使用，但是标记密度不够，且耗时费力。Pfender 等采用 RAD-seq 技术对黑麦草的 193 个 F1 群体进行测序，开发 SNP 标记，结合肩带序列重复（SSR）和顺序标签位点（STS）分子标记，利用双假测交原理进行连锁分析，构建出高密度的遗传图谱并进行了抗秆锈病 QTLs 检测，检测到了 3 个抗秆锈病 QTLs：qLpPg1 位于 LG7 连锁群上 8 cm 范围内，解释表型变异的 30% ~ 38%；qLpPg2 和 qLpPg3 分别定位在 LG1 和 LG6 连锁群上，均解释表型变异的 10%。

五、单个性状定位

高通量测序技术的飞速发展促进了高精度的植物遗传连锁图谱和饱和遗传连锁图谱的建立，促进了基因定位的快速发展，为分子标记辅助选择育种打下了基础。目前，利用高通量测序技术开发分子标记并进行相关性状基因定位的方法已在玉米、水稻等作物中得到了初步应用。

（一）MutMap 方法定位单个性状

大多数农艺性状由多基因控制，这些基因能引起表型性状的微小变化，因此识别这些基因非常困难。Abe 等引入 MutMap 方法，以目标性状分离群体为材料，并对极端分离个体 DNA 混池进行全基因组重测序，鉴定了特异的基因组区间，这些区间可能包含浅绿叶色、半矮杆和农艺性状的突变位点。这些结果表明，MutMap 能够加速水稻和其他作物的遗传改良。

（二）QTL-seq 方法定位单个性状

作物中大多数重要的农艺性状是数量性状，多由微效多基因控制。定位和分离这些 QTL 对分子标记辅助选择育种和解析农艺性状形成的机理具有重要意义。Takagi 等介绍了一种快速定位植物 QTL 的方法——QTL-seq。该方法以具有表型分离的群体为材料，构建了两个各含有 2 050 个极端分离个体的 DNA 混池并对其进行了全基因组重测序，随后将这种方法应用于水稻重组自交系群体和 F2 群体并成功鉴定出了稻瘟病抗性和幼苗活力等重要农艺性状的 QTL。研究表明，QTL-seq 能在不同的实验条件下鉴定 QTL，这种方法能够应用于群体基因组学研究，并能够快速鉴定进行人工或自然选择的基因组区域。

（三）BSR-seq 方法定位单个性状

利用 BSR-seq 数据开发多态性标记并对分离群体进行基因定位是快速定位突变基因的有效方法。Liu 等利用 BSR-seq 的方法克隆了玉米的一个 glossy3 基因（gl3）。而 Glossy 位点的突变改变了幼叶角质层蜡质的积累。通过参考 gl3 的等位基因，笔者把 gl3 定位在 2 Mb 的区间内。这个定位在 2 Mb 区间内的单基因在突变池中下调表达，随后经多重独立性转座子诱导的突变等位基因的分析证实为 gl3 基因。gl3 编码一个 myb 转录因子，该转录因子直接或间接影响超长链脂肪酸生物合成途径中的多个基因的表达。

六、转基因育种程序

利用转基因技术进行作物育种的基本过程包括以下几个步骤。

（一）目的基因或 DNA 的获得

目的基因的获得是利用作物转基因育种的第一步。获得基因的途径主要可以分为两大类：根据基因表达的产物——蛋白进行基因克隆；从基因组 DNA 或 mRNA 序列克隆基因。

根据基因表达的产物——蛋白进行基因克隆是先分离和纯化控制目的性状

的蛋白质或者多肽，并进行氨基酸序列分析，然后根据所得氨基酸序列推导相应的核苷酸序列，再采用化学合成的方式合成该基因，最后通过相应的功能鉴定来确定所推导的序列是否为目的基因。

随着分子生物学技术的发展，尤其是 PCR 技术的问世及其在基因工程中的广泛应用，以及多种生物基因组序列计划的相继实施和完成，直接从基因组DNA 或 mRNA 序列克隆基因技术已成为获取目的基因的主要方法，能够更大规模、更准确、更快速地完成目的基因的克隆。

（二）含有目的基因或者DNA的重组质粒的构建

通过上述方法克隆得到目的基因只是为利用外源基因提供了基础，要将外源基因转移到受体植株还必须对目的基因进行体外重组，即将目的基因安装在运载工具载体上。质粒重组的基本步骤是从原核生物中获取目的基因的载体并进行改造，利用限制性内切酶将载体切开，并用连接酶把目的基因连接到载体上，获得 DNA 重组体。

（三）受体材料的选择及再生系统的建立

受体是指用于接受外源 DNA 的转化材料。建立稳定、高效、易于再生的受体系统是植物转基因操作的关键技术之一。良好的植物基因转化受体系统应满足如下条件：有高效稳定的再生能力；有较高的遗传稳定性；具有稳定的外植体来源；对筛选剂敏感；等等。从理论上讲，任何有活性的细胞、组织、器官都具有再生完整植株的潜能，因此都可以作为植物基因转化的受体。目前，常用的受体材料有愈伤组织再生系统、直接分化再生系统、原生质体再生系统、胚状体再生系统和生殖细胞受体系统等。

（四）转基因方法的确定和外源基因的转化

选择适宜的遗传转化方法是提高遗传转化率的重要环节之一。转基因的具体方法虽然很多，但是概括起来主要有两类：第一类是以载体为媒介的遗传转化；第二类是外源目的 DNA 的直接转化。

载体介导转移法是目前为止最常见的一类转基因方法。其基本原理是将外源基因重组进入适合的载体系统，通过载体将携带的外源基因导入植物细胞并整合在核染色体组中，并随着核染色体一起复制和表达。其中，农杆菌 Ti 质粒或 Ri 质粒介导法是迄今为止植物基因工程中应用最多、机理最清楚、最理想的载体转移方法。

外源基因直接导入技术是一种不需要借助载体介导，直接利用理化因素进行外源遗传物质转移的方法，主要包括化学刺激法、基因枪轰击法、高压电穿孔法、微注射法（子房注射法或花粉管通道法）等。

（五）转化体的筛选和鉴定

外源目的基因在植物受体细胞中的转化频率往往是相当低的，在数量庞大的受体细胞群体中，通常只有为数不多的一小部分获得了外源 DNA，其中目的基因已被整合到核基因组并实现表达的转化细胞就更加稀少。为了有效地选择出这些真正的转化细胞，相关人员有必要使用特异性的选择标记基因进行标记。常用选择标记基因包括抗生素抗性基因及除草剂抗性基因两大类。在实际工作中，常将选择标记基因与适当的启动子构成嵌合基因并克隆到质粒载体上，与目的基因同时进行转化。标记基因被导入受体细胞之后，就会使转化细胞具有抵抗相应抗生素或除草剂的能力，用抗生素或除草剂进行筛选，即抑制、杀死非转化细胞，而转化细胞则能够存活下来。由于目的基因和标记基因同时整合进入受体细胞的比率相当高，所以在具有上述抗性的转化细胞中将有很高比率的转化细胞同时含有上述两类基因。

通过筛选得到的再生植株只能初步证明标记基因已经整合进入受体细胞，至于目的基因是否整合、表达还不得知，因此还必须对抗性植株进一步检测。根据检测水平的不同，鉴定可以分为 DNA 水平的鉴定、转录水平的鉴定和翻译水平的鉴定。DNA 水平的鉴定主要是检测外源目的基因是否整合进入受体基因组、整合的拷贝数以及整合的位置，常用的检测方法主要有特异性 PCR 检测和 Southern 杂交。转录水平鉴定是对外源基因转录形成 mRNA 情况进行检测，常用的方法主要有 Northern 杂交和 RT-PCR 检测。检测外源基因转录形成的 mRNA 能否翻译，还必须进行翻译或者蛋白质水平检测，最常用的方法是 Western 杂交。在转基因植株中，只要含有目的基因在翻译水平表达的产物均可采用此方法进行检测鉴定。

（六）转化体的安全性评价和育种利用

上述鉴定证实携带目的基因的转化体必须根据有关转基因产品的管理规定，在可控制的条件下进行安全性评价和育种利用研究。从目前的植物基因工程育种实践来看，利用转基因方法获得的转基因植株常常存在外源基因失活、纯合致死、花粉致死效应；外源基因的插入会对原有基因组的结构造成破坏，而对宿主基因的表达产生影响，因而会出现该作物品种的原有性状改变等现象。此外，转基因植物的安全风险性也是一个需要考虑的问题。也就是说，通过转基因方式获得的植株必须通过常规的品种鉴定途径才能用于生产。目前，获得的转基因植物主要用于为培育新的作物品种而创造育种资源。一般在获得转化体后，再结合杂交、回交、自交等常规育种手段，最终选育综合性状优良的转基因品种。

七、转基因作物的生物安全性

从保障人类健康、发展农业生产和维护生态平衡与社会安全的角度出发，为保证转基因产品健康有序发展以及转基因作物的生物安全，笔者特提出如下建议。

（一）加强转基因产品的安全性研究

在研究与开发转基因产品的同时，必须加强其安全性防范的长期跟踪研究。

（二）建立完善的检测体系与质量审批制度

为确保转基因产品进、出口的安全性，必须建立一整套完善的、既符合国际标准又与中国国情相适应的检测体系以及严格的质量标准审批制度。有关审批机构应该相对独立于研制机构与开发商之外，而且不应该受到过多的行政干预。

（三）不断完善相关法规

转基因产品安全性法规的建立与执行应该以严格的检测手段为基准。同时，应培养一批既懂得生物技术专业知识又能驾驭法律的专门人才。

（四）加强宏观调控

有关决策层应对转基因产品的产业化及市场化速度进行有序的宏观调控。任何转基因产品安全性的防范措施都必须建立在对该项技术的发展进行适当调控的前提下，否则在商业利益的驱动下只会是防不胜防。

（五）加强对公众的宣传和教育

通过多渠道、多层次的科普宣传教育，培养公众对转基因产品及其安全性问题的客观公正意识，从而培育对转基因产品具有一定了解、认识和判断能力的消费者群体，这对转基因产品获得市场的有力支撑是至关重要的。

（六）为公众提供良好的咨询服务

相关部门应该设立足够数量的具有高度权威性的咨询机构，从而为那些因缺乏专业知识而难以对某些转基因产品做出选择的消费者提供有效的指导性帮助。

（七）规范转基因产品市场

必须培育健康、规范的转基因产品市场。转基因产品的安全性决定其在市场中的发展潜力。因此，有关转基因产品质量以及安全性的广告宣传应该具有科学性和真实性。一旦消费者因广告宣传而受误导或被假冒产品欺骗，转基因产品就会因消费者的望而生畏而失去市场。

第三节 分子标记辅助选择技术在作物育种中的作用

一、加快新品种选育，确保人类粮食安全

人类正面临着人口、资源及环境等问题。到 2030 年，预计世界人口将增长到 80 亿，中国人口将达到 16 亿。民以食为天，无论是哪个国家还是哪种社会制度，粮食都是保障社会稳定和经济发展的基础。中国人口多这一基本国情决定了粮食安全是关系经济安全和国计民生的重大战略问题，任何时候都不能有丝毫的松懈。尽管中国的农业已经取得了很大的成绩，用占世界 7% 的耕地养活了约占世界 20% 的人口，但人口、资源、环境的矛盾并没有因农业的快速发展和社会的进步而发生根本性改变，对农产品的巨大需求决定了中国农业可持续发展仍将面临重大的挑战。要确保国家粮食安全必须依赖主要农作物品种改良的重大突破。如果在农作物遗传资源有效利用、高效育种技术上没有取得跨越式发展，就不可能突破农作物品种改良的瓶颈问题。分子标记辅助选择技术正在有效挖掘和利用遗传资源、提高育种效率、培育综合性状优良的农作物新品种方面发挥着不可替代的作用。

二、架起基因型和表型间桥梁，促进系统遗传学研究

农作物有许多重要的农艺性状，如产量及生育期等均属于数量性状，而数量性状由多基因控制并受环境条件影响，其表型变异是连续的，一般只能通过统计分析方法确定其遗传座位。QTL 的定位研究只是以一定概率标准说明在基因组的某些区段可能存在影响某个数量性状的 QTL，至于这些 QTL 包含多少

个基因和包含什么基因、不同的 QTL 间存在何种互作关系、QTL 与环境如何相互作用来控制目标性状等问题，则需通过遗传学、分子生物学的方法进行分析鉴定。

在遗传上，QTL 与控制质量性状的基因是一样的，都能够通过遗传重组进行分离，差异只是在遗传效应大小方面，而且同一座位既可能是一个 QTL 也可能是一个主基因，这取决于所考察的等位基因。由于一个数量性状的分离通常由多个 QTLs 共同决定，每一个的贡献较小，且有些 QTLs 常常成簇分布在一起，所以 QTL 遗传分析的关键问题是如何将控制所研究性状的多个 QTLs 分解为单个孟德尔遗传因子。可喜的是，近几年研究人员利用分子标记辅助选择技术在水稻、番茄、玉米和油菜等农作物中建立了许多近等基因系、染色体片段替换系或渗入系。由于每个染色体单片段渗入系的基因组内只有来自供体亲本的一个纯合染色体片段，而基因组的其余部分与受体亲本相同，所有在染色体单片段渗入系与其受体亲本之间的差异以及在染色体单片段渗入系之间所有可遗传的变异都只与代换片段相联系。所有染色体单片段渗入系所携带的替换片段能够覆盖整个亲本供体的基因组。近等基因系、染色体单片段渗入系可以广泛应用于 QTL 的鉴定与定位、目标基因克隆及功能分析、QTL 之间的遗传互作、杂种优势机制、不同遗传背景和环境条件下基因的差异表达等方面的研究。

三、提升育种技术，促进育种学发展

在基因学说提出之后相当长的时间里，由于对基因本质的认识不足及实验技术所限，农作物育种家只能从分离后代中通过表型观察间接选择理想的重组基因型。培育新品种是一个耗时费力的过程，研究的周期长、效率低。育种家一直希望能开发出对复杂性状进行标记的辅助选择技术，变表型选择为基因型选择。但直到 1986 年第一张作物（番茄）的限制性片段长度多态性（RFLP）图谱问世，这种设想才成为可能。虽然 Bernatzky 和 Tanksley 所发表的这张番茄 RFLP 图谱仅包含 57 个 DNA 标记座位，但他们的这一开创性工作使 DNA 分子标记的研究成为了一个非常活跃的领域。随着全基因组分析技术不断进步，许多高通量、低成本、大规模自动检测的分子标记被开发出来，如随机扩增多态性 DNA（RAPD）标记、SSR 标记、扩增片段长度多态性（AFLP）标记、SCAR 标记、InDel 标记、STS 标记、表达序列标签（EST）标记、SNP 标记，将农作物育种推进到了分子水平。DNA 分子标记辅助选择技术的广泛应用不仅提升了农作物育种技术水平，还促进了育种学迅速发展。

四、聚合多个优良基因，实现育种学家梦寐以求的目标

在农业生产实践中，一个理想的优良品种不仅要产量高、品质好，还要抗病虫、抗逆性强、适应性广。现有的作物栽培品种尽管各有优点，但都还存在某些不足：有的产量较高，但品质不够理想；有的品质较好，但产量低。抗病、抗虫、抗逆、适应不同生态环境等性状更是千差万别，有的只抗病不抗虫，有的只抗某一种或少数几种病害或虫害而不抗其他病害或虫害。几乎没有一个栽培品种在产量、品质、抗性、适应性上都能满足生产的要求。将不同品种各自具有的优良性状通过品种间的杂交集中到一个品种中，培养出理想的作物新品种一直是育种家的研究目标。分子标记辅助选择技术将在聚合多个优良目标基因、培育"理想"的农作物新品种上发挥不可替代的作用。

五、拓宽遗传资源利用的深度和广度，增加农作物遗传多样性

传统育种技术在种质资源利用上存在一些问题：在品种改良的过程中利用的遗传资源非常有限，育种亲本的遗传基础狭窄；很多有潜在价值的种质资源未得到挖掘和利用；大量的地方品种在未收集前被淘汰，许多野生资源逐渐失去了栖息地，已经或正在灭绝。要实现主要农作物品种改良的重大突破，必须加速农作物种质材料的创新，开发利用野生资源和地方品种。DNA 分子标记辅助选择技术不仅为农作物核心种质的构建提供了快速、有效的新方法，还通过建立染色体渗入系，充分挖掘和利用野生资源、农家品种的有利基因，拓宽了作物遗传基础，增加了品种的遗传多样性。

第四节　分子标记及其在遗传育种中的应用

分子标记辅助选择育种技术的出现和成熟得益于数量性状遗传学、分子遗传学和基因组学的迅速发展以及分子标记技术、分子杂交技术、分子扩增技术与生物信息技术的巨大进步。遗传物质基础的确定，基因内涵的不断丰富和完善，遗传物质表达和调控规律的阐明，特别是农作物基因组高分辨率遗传图谱的建立，以及高通量、高效率、低成本全基因组分析鉴定技术的不断涌现为建立分子标记辅助选择育种技术平台创造了条件。

一、分子标记

随着现代分子生物学的飞速发展，新一代的 DNA 分子标记应运而生。这种分子标记是 DNA 水平上遗传多态性的直接反映。这种遗传多态性来源于基因组 DNA 的变异，包括点突变、倒位和异位等，在真核生物的基因组中存在大量的非编码序列，其变异较少受自然选择的制约，因此具有多态性的基因组 DNA 标记数目极其丰富。DNA 分子标记呈显性或共显性，遵循简单的孟德尔遗传法则，遗传稳定，不易受环境的影响，而且可以在不同组织和不同发育阶段进行分析。依据对 DNA 多态性的检测手段，DNA 分子标记大致可以分为以下四类。

（一）基于 DNA-DNA 杂交的 DNA 分子标记

RFLP 即通过限制性内切核酸酶（简称"限制酶"）对基因组 DNA 进行酶切、电泳、转膜后用放射性标记的同源性探针与之杂交，检测不同样品在 DNA 序列上酶切位点的碱基突变以及序列缺失、重复、倒位、易位等变异引起的变化。这类标记广泛分布于整个基因组，数目巨大，无表型效应，是共显性标记，遵循孟德尔遗传规律。该标记技术最早在人类基因组研究中应用，随后广泛应用于各种动植物基因组研究。但是，这种标记也存在不足：它只代表了基因组中的单拷贝或寡拷贝序列，未涉及大量的重复序列，揭示的等位基因数量有限，操作烦琐，很难直接在育种上应用。

（二）基于聚合酶链反应的 DNA 分子标记

基于 PCR 的 DNA 分子标记包括 RAPD 标记、AP-PCR 标记、简单序列间重复（ISSR）标记、SSR 标记、SCAR 标记、InDel 标记、STS 标记等。在这类 DNA 分子标记中，SSR）标记应用较广泛。SSR 标记又称为微卫星 DNA 标记，是一类由几个核苷酸为重复单位组成的串联重复 DNA 序列，广泛存在于基因组的不同位置，长度一般在 200 bp 以下。其两端的侧翼序列多是相对保守的单拷贝序列，可以对它们设计一对特异引物，扩增每个位点的微卫星 DNA。SSR 标记的主要特点如下：①数量丰富，广泛分布于整个基因组；②具有较多的等位性变异；③共显性标记，可鉴别出杂合子和纯合子；④实验重复性好，结果可靠。2002 年，McCouch 等开发出了 2 240 对新的水稻 SSR 分子标记。2005 年，国际水稻基因组测序计划研究认为，水稻基因组总共含有 18 828 个 SSR 位点，平均每兆减基对有 51 个 SSR 位点。其中第三染色体 SSR 位点密度最高，第四染色体 SSR 位点密度最低。由于创建新的 SSR 标记时需知道重复序列两端的序列信息，其开发有一定困难，费用也较高。

（三）基于限制酶酶切和 PCR 的 DNA 分子标记

该类标记主要涉及 AFLP 标记。AFLP 标记技术结合了 RFLP 的稳定性和 PCR 技术的简便高效性，同时能克服 RFLP 带型少、信息量小以及 RAPD 技术不稳定的缺点。其基本技术原理和操作步骤如下：首先用限制性内切酶酶解基因组 DNA，形成许多大小不等的随机限制性片段；其次在这些片段的两端连接上特定的寡聚核苷酸接头；再次根据接头序列设计引物，由于限制性片段太多，全部扩增则产物难以在胶上分开，所以在引物的 3′端加入 1～3 个选择性碱基，这样只有那些能与选择性碱基配对的片段才能与引物结合，成为模板被扩增，从而达到对限制性片段进行选择扩增的目的；最后通过聚丙烯酰胺凝胶电泳，将这些特异性的扩增产物分离开来。AFLP 标记的主要特点如下：①由于 AFLP 分析可以采用的限制性内切酶及选择性碱基种类、数目很多，所以该技术所产生的标记数目是无限多的；②典型的 AFLP 分析，每次反应产物的谱带在 50～100 条，所以一次分析可以同时检测到多个座位，且多态性极高；③表现共显性，呈典型孟德尔式遗传；④分辨率高，结果可靠；⑤目前该技术受专利保护，用于分析的试剂盒昂贵，实验条件要求较高。

（四）基于单个核苷酸多态性的 DNA 分子标记

SNP 是指由于同一位点的不同等位基因之间单核苷酸变异而引起的多态性。SNP 标记在基因组中的分布较微卫星标记广泛得多，因为 SNP 是高度稳定的，易于进行自动化分析。SNP 在人类基因组中广泛存在，平均每 500～1 000 个碱基对中就有 1 个，估计其总数可达 1 700 万个，甚至更多。2005 年，水稻基因组测序国际联盟通过比较两个籼粳亚种，发现相应区段差异共有 80 127 个位点，其中 SNP 频率差异因染色体不同而不同，每 100 bp 发生 SNP 的概率为 0.53%～0.78%。

分子标记有多种类型，不同的分子标记又各具特色，各有优点和不足之处。理想的分子标记必须满足以下几个要求：①具有高的多态性；②共显性遗传，即利用分子标记可鉴别二倍体中杂合和纯合基因型；③能明确辨别等位基因；④除特殊位点的标记外，要求分子标记均匀分布于整个基因组；⑤选择中性（无基因多效性）；⑥检测手段简单、快速（如实验程序易自动化）；⑦开发成本和使用成本尽量低廉；⑧在实验室内和实验室间重复性好（便于数据交换）。随着新的理想的分子标记及相关分析的技术进一步开发和应用，分子标记辅助选择育种必将迎来更加广阔的发展空间。

二、分子标记在遗传育种中的应用

（一）遗传图谱的构建与重要农艺性状基因的标记

分子标记提供了大量的遗传标记，通过建立分子遗传图谱，可同时对许多重要农艺性状基因进行标记。目前，已在许多农作物上构建了以分子标记为基础的遗传图谱，这为重要农艺性状基因的标记和定位、基因的图位克隆、比较作图、种质资源鉴定、物种进化等研究以及分子标记辅助育种提供了重要的研究手段。

（二）作物 MAS 育种

MAS 即分子标记辅助选择，是通过利用与目标性状紧密连锁的 DNA 分子标记对目标性状进行间接选择的现代育种技术。与常规育种相比，该技术可提高育种效率 2 ～ 3 倍。由于其明显的优越性，美国、日本等国家近年来都投入了巨资以开展这方面的工作，已经鉴定了水稻、小麦、玉米、棉花、大豆等重要作物的一些农艺性状的分子标记。国际水稻研究所已获得了分别聚合多个抗稻瘟病和抗白叶枯病基因的水稻株系。美国已经把在玉米上鉴定的与产量有关的数量性状基因座位转移到了不同的自交系中，由这些自交系组配的杂交种的产量比对照杂交种提高 15% 以上。中国在水稻、小麦、大豆、油菜等重要作物上已鉴定了一些与重要农艺性状连锁的分子标记；通过分子标记辅助选择，已选育出了高抗白叶枯病的水稻品种。进一步加快分子标记辅助育种的研究将为大幅度提高农作物产量和品质提供有效途径。

（三）品种及种质资源鉴定分析

DNA 指纹图谱是鉴别品种、品系的有力工具，具有快速、准确等优点。在市场经济条件下，指纹图谱在检测良种质量（真伪、纯度），防止伪劣种子流入市场，保护名、优、特种质及育成品种的知识产权和育种家的权益等方面均有重要意义。许多国家已采用指纹图谱来鉴定作物品种，为品种审定、保存、保护提供依据。

第六章　现代分子设计育种的研究成果

第一节 "七大农作物育种专项"推动农作物育种迈上新台阶

一、"七大农作物育种"专项概述

（一）简介

保障国家粮食安全和生态安全是关系我国国民经济发展和社会稳定的全局性重大战略问题。习近平总书记多次强调，要下决心把我国种业搞上去，抓紧培育具有自主知识产权的优良品种。农作物优良品种是农业增产的核心要素，是种子产业发展的命脉。大力发展现代农作物育种技术，强化科技创新，创制重大新品种，对驱动我国农业生产方式转型发展、提升种业国际竞争力、保障粮食安全和农产品有效供给具有重大战略意义。"十三五"国家重点研发计划"七大农作物育种"重点专项（以下简称"育种专项"）是国家重点研发计划2016年度启动的生物种业领域的唯一专项。其中试点专项"主要经济作物分子设计育种"项目以大豆、棉花、油菜和蔬菜等主要经济作物为研究对象，利用优良种质资源，运用基因组学和系统生物学等手段，解析主要经济作物高产、优质、抗病虫、抗逆、养分高效利用、适于机械化生产等重要农艺性状的调控机制，优化多基因聚合技术，建立品种分子设计育种创新体系，为实现全基因组水平优化选择培育经济作物新品种提供系统技术方案和育种新材料。

随着全基因测序技术的飞速发展和植物功能基因组研究的巨大进步，使得在全基因组水平上开展作物品种分子设计育种成为了可能，并已经在水稻等作物上取得了重要的进展，显示出比其他育种手段更为突出的优越性，成为今后作物育种技术发展的方向。分子设计育种的核心是基于对控制作物各种重要性状的关键基因及其调控网络的认识，利用生物技术等手段获取或创制优异种质资源作为分子设计的元件，根据预定的育种目标，选择合适的设计元件，通过系统生物学手段，实现设计元件的组装，培育目标新品种。与传统育种技术相比较，分子设计育种将实现在基因水平上对农艺性状的精确调控，解决传统育种易受不良基因连锁影响的难题，大幅度提高育种效率，缩短育种周期；与分子标记辅助育种技术相比较，其精准性和可控性极大提升。目前以全基因组选择技术、锌指核酸酶（zinc-fifi nger nucleases，ZFN）技术、类转录激活效应因子核酸酶（transcription activator-like effector nuclease，TALEN）技术、CRISPR/Cas 技术和寡核苷酸定点突变（oligonucleotide-directed mutagenesis，ODM）技术等新一代育种技术的正在逐渐地成熟和完善，今后将成为未来分子设计育种技术的核心组成部分，同时也为我国追赶国际育种技术前言提供了良好的机遇。

（二）研究背景

近年来，随着我国科学家参与的大豆、棉花、油菜和一些蔬菜作物的全基因组图谱逐步完成，使基因克隆及其功能鉴定步伐加快。我国已经在主要经济作物中标记和定位了许多控制重要农艺性状的 QTL 位点，克隆了多个控制重要农艺性状的基因，主要涉及产量、品质、抗非生物胁迫、抗病虫、资源利用和生长发育等性状。但已定位的众多 QTL 位点和基因真正应用于育种实践的却很少，主要原因是 QTL 定位和基因克隆多采用单个材料的独立研究，所定位的 QTL 位点和克隆基因易受遗传背景影响。近年来，已经开始研究尝试使用多群体、染色体片段置换系群体和回交群体等材料来找到不受群体背景影响的位点和基因，为有效加快新基因发掘速度和提高种质资源利用效率提供了重要的途径。

（三）研究内容

2015 年底，科技部启动实施"七大农作物育种""十三五"试点专项，重点部署五大任务（优异种质资源鉴定与利用、主要农作物基因组学研究、育种技术与材料创新、重大品种选育、良种繁育与种子加工）。"主要经济作物分子设计育种"作为第一批批准立项 21 项目之一，将重点集中在主要经济作物育种技术与材料创新的研究。根据作物育种的关键技术流程，"主要经济作物分子设计育种"项目包括以下五方面具体研究内容：

（1）重要农艺性状相关基因位点的定位和分子标记的开发。项目将围绕主要经济作物高产、优质、抗病虫、抗逆、养分高效利用、适于机械化生产等重要农艺性状，定位重要农艺性状相关基因位点，阐明优良种质资源中携带的优异等位变异，开发育种可用的分子标记，建立主要经济作物亲本优良等位变异基因和表型数据库，为分子设计育种的全基因组选择提供工具。

（2）重要农艺性状多基因互作网络解析。

项目将结合全基因组信息，深入阐明控制重要农艺性状关键基因及调控基因的功能，鉴定它们参与的调控途径，建立多个基因之间相互作用的调控网络系统，分析目前育种实践中对不同控制重要农艺性状基因的利用效率，确定育种潜力最大的优良基因和基因网络，为加速新品种选育提供依据。

（3）品种分子设计育种平台的建立。

项目将建立大豆、油菜、棉花等种质信息和组学信息的整合数据库，开发用于高通量组学数据和模块分析，物种间分子模块比较、多模块互作网络模型构建的算法和软件，为分子设计育种提供各类组学数据的高效共享和挖掘利用工具；开发用于品系鉴定、育种路线设计和育种材料选择的工具，构建分子设计育种所需要的从基因型到表型的预测模型，实现数字化辅助育种的目标。

（4）多基因聚合新技术的研发。

研发和改良现有基因组编辑技术，实现全基因组水平大规模基因定点敲除、激活、代换、插入等编辑改造；开展无转基因痕迹的生物安全新种质遗传转化技术体系研究。建立高效多基因叠加体系，实现规模化创制各种基因改造遗传材料，筛选已建立的相关优异种质资源库，满足种子创新过程中对各种重要农作物遗传转化的需求。

（5）优良新品种的培育和示范推广。

针对不同区域育成高产、优质、多抗主要经济作物品种，在施肥、水分管理、栽培调控、植物保护等单项技术的研究基础上，进行技术集成、组装，形成特定品种的优化生产技术体系，最大限度发挥品种潜力，提升优良品种的产能。创建工程化、集约化、流程化的商业化育种技术体系；探索建立主要经济作物商业化育种技术体系和创新模式，以参加企业为龙头进行新品种的示范推广。

项目启动实施以来，按照"加强基础研究、突破前沿技术、创制重大品种、引领现代种业"的总体思路，以水稻、玉米、小麦、大豆、棉花、油菜、蔬菜等七大农作物为对象，围绕种质创新、育种新技术、新品种选育、良种繁育等科技创新链条，重点突破基因挖掘、品种设计和种子质量控制等核心技术，获得具有育种利用价值和知识产权的重大新基因，创制优异新种质，形成高效育种技术体系，水稻、小麦和玉米等七大农作物综合增产贡献率由45.0%提高到54.9%，增加了9.9个百分点；综合育种效率由0.502提升到0.759，提高了51.11%，引领我国农作物育种科技发展方向，保障我国农作物种业安全。

（四）研究目标

项目将定位和克隆大豆、棉花、油菜、蔬菜（黄瓜、白菜、辣椒和番茄等）等主要经济作物高产、优质、抗病虫、抗逆、养分高效利用等重要性状的基因，研发和集成新型分子设计育种方法和技术，建立基于全基因组信息的主要经济作物品种分子设计育种体系和信息共享平台，培育高产、优质、抗逆、广适性和适于机械化生产的主要经济作物新品种和创制具有育种潜质的新种质，为我国主要经济作物现代种业的发展提供技术支撑。项目由来自中国科学院、教育部、农科院和隆平高科等育种龙头企业的 17 家的科研人员承担，采用关键技术研发以科研院所和高校为主体，新品种的培育以种业企业为主体的研发模式，将为解决长期以来育种技术研究与育种实践脱节的问题，实现我国育种技术水平的跨越式提升助力。

二、突破关键技术，农作物育种迈上新台阶

（一）创制优异种质资源，为新品种选育奠定了重要基础

种质资源是推动现代种业创新的物质基础、推进农业高质量发展的"芯片"，是保障国家粮食 安全、建设生态文明、维护生物多样性的战略性资源。随着种质资源利用价值越来 越大，已事关国家核心利益，其保护和利用受到世界各国的高度重视。一是保护力度越来越大。呈现 出从一般保护到依法保护、从单一方式保护到多种方式配套保护、从种质资源主权保护到基因资源产权保护的发展态势。二是鉴定评价越来越深入。对种质资源进行规模化和精准化鉴定评价，发掘能够满足现代育种需求的优异资源和关键基因，已经成为发展方向。三是保护和鉴定体系越来越完善。世界大多数国家均建立了依据生态区布局，涵盖收集、检疫、保存、鉴定、种质创新等分工明确的农作物种质资源国家公共保护和研究体系。四是共享利用机制越来越健全。随着《生物多样性公约》《粮食和农业植物 遗传资源国际条约》等国际公约的实施，国家间种质资源获取与交换日益频繁，已经形成规范的资源获取和利益分享机制。育种专项实施以来，在种质资源精准鉴定与创新利用取得重要进展，为新品种选育及基础研究提供了重要物质基础，为农作物育种及产业发展发挥重要作用。在国内外首次实现对 15800 份主要农作物种质资源开展多年多点精准鉴定的基础上筛选优异种质，通过关联分析批量发掘主粮作物育种关键基因。其中小麦抗赤霉病基因等重要基因调控机理的解析，其创新性具有国际领先水平。同时，育种专项发掘创制的优异种质已向全国育种及研究单位提供利用 14950 份次，携带抗赤霉病基因小麦种质已发放 60 多家单位育种利用，为解决小麦赤霉病问题

提供了"金钥匙"。一是主要农作物种质资源规模化精准鉴定取得重要进展。针对作物育种需求，首次对水稻、小麦、玉米、大豆、油菜、棉花、蔬菜 等主要农作物 15880 份种质资源开展大规模精准鉴定；表型精准鉴定采用多年多点方式，并与全基因组水平的基因型精准鉴定相结合；筛选综合性状优异的种质 1290 份，鉴定出抗病、抗逆特异种质 1250 份，解决了育种优异亲本匮乏的难题。二是优异种质资源创新解决育种关键问题。以野生近缘植物和地方品种为供体，创制抗小麦赤霉病和纹枯病、抗水稻黑条矮缩病、抗旱玉米、高蛋白大豆等育 种新材料 3860 份，解决了育种材 料遗传基础狭窄、缺乏突破性种质的关键问题。三是重要性状关键基因发掘取得突破性进展。克隆小麦抗赤霉病 Fhb7 基因并实现抗病基因 的转育利用；发掘水稻穗粒数关键基因，为高产分子设计育种奠定基础；发掘玉米抗旱数量性状基因座 169 个，为抗旱育种提供基因资源；揭示棉花"鲁原 343"优质纤维品质的形 成机制；引进抗病基因区段，增强油菜对菌核病的抗性。重要性状关键基因发掘利用提升了作物分子育种水平。四是优异种质资源育种利用取得显著成效。育种专项筛选的优异与创新种质已提供育种利用 14950 份次，为我国主要农作物育种及其种业的绿色和可持续发展提供了有力的物质支撑与保障。

（二）定位克隆有利基因，为分子设计育种提供路径

常规育种技术在现阶段，对作物遗传改良过程中育种时效性及产量品质等提高已处于瓶颈状态。正是基于对植物本身潜力发掘的研究，同时结合分子育种的手段，提出了农作物分子设计育种这个新概念，实现从传统的"经验育种"到定向、高效的"精确育种"的转化，大幅度提高育种效率，全面提升育种水平，培育突破性新品种。农作物分子设计育种克服了常规育种方法周期长、预见性差、选择效率低等 局限性；并通过分子提取、克隆等手段打破物种界 限，实现优良基因重组和聚合，能够对农作物品种改 良定向选育，继而保证了产量品质上的新突破。育种专项实施五年来，我国主要农作物基因组学研究得到了飞速发展。育种专项在深度解析基因组结构变异、基因组演变规律、关键农艺性状基因 克隆和机理解析等领域取得了一系列前瞻性、引领性原创基础研究重大突破，精细定位和克隆了一批 重要性状的有利基因，为农作物分子定向设计育种提供了重要基因资源与路径。在水稻方面，育种专项首次发现自私基因系统 控制水稻杂种不育性状，阐明了自私基因在维持植物基因组的稳定性和促进新物种的形成中的分子机制，通过建立毒性 – 解毒分子机制在水稻杂种不 育上的普遍性，揭示了水稻籼粳亚种间杂种配子选择性致死分子机理为揭示水稻籼粳亚种间杂种雌配子选择性致死的本质提供了理论借鉴。在深入了解水稻杂种不育的分子遗传机理基础上，可利用基因编辑技术对具毒性功能的自私基因进行编辑删除，创制广亲和的水稻新种质，实现籼粳交杂种优势的有效利用，为籼粳亚种间杂交稻品种的培育提供基础。在氮营养利用效率方面，深度解析了水稻已知基因新功能，在分子水平阐明了"绿色革命"矮秆育种伴随氮肥利用效率低下的原因，同时首次从表观遗传学角度阐明氮素调控水稻分蘖生长的作用机制，从分子水平上揭示了"绿色革命"矮秆品种在高肥条件下增产的原因。这一发现丰富了对于赤霉素信号传递通路的认识，有助于培育绿色高产高效农作物新品种，从而找到了一条在保证粮食总产量不断提高的同时，提高了氮肥利用效率，降低了生产投入成本，减少了对环境造成的污染的可持续发展农业新途径。在小麦方面，完成了小麦染色体级别的 D 基因组精细图谱的绘制；克隆了小麦太谷核不育基因和抗赤霉病基因，大幅度提高了小麦育种效率。根据新发现的抗赤霉病基因，育种专项选育抗赤霉病小麦品系 37 个，减少 54 亿元直接经济损失，减少农药使用成本约 1.6 亿元。在小麦方面，完成了小麦染色体级别的 D 基因组精细图谱的绘制；克隆了小麦太谷核不育基因和抗赤霉病基因，大幅度提高了小麦育种效率。根据新发现的抗赤霉病基因，育种专项选育抗赤霉病小麦品系 37 个，减少 54 亿元直接经济损失，减少农药使用成本约 1.6 亿元。

在玉米方面，育种专项完成了玉米自交系基因组高质量参考基因组序列组装和品种间基因组结构变异分析，并对玉米杂种优势形成机理有了新的解释，克隆了重要玉米叶夹角调控基因。玉米紧凑株型的分子调控网络的建立为玉米理想株型分子设计育种、培育耐密高产品种提供了理论和实践基础。玉米野生祖先种大刍草优良等位基因的发掘和利用是拓宽玉米种质遗传基础、打破育种瓶颈的有效途径。另外，育种专项在番茄风味的物质基础遗传位点和调控基因以及辣椒基因组学和功能基因组研究也取得了突破性进展。

（三）创新突破育种技术，高效育种体系建设加速

育种专项实施五年来，关键育种技术取得明显突破，分子设计育种技术及主要粮食作物基因编辑技术的突破，为未来品种设计及新品种培育提供了源动力，大大提高新品种培育的效率，加速了农作物高效育种体系的构建与快速应用。育种专项对杂优利用、细胞及染色体工程、诱变、分子标记、基因组编辑

等育种关键技术进行创新完善，并创制出高产、优质、抗病虫、抗逆、资源高效利用、适合机械化等突破性育种材料及水稻、大豆等突变体库。围绕水稻理想株型与品质形成的分子机理这一重大科学问题，育种专项鉴定、创制和利用水稻资源，创建了直接利用自然材料与生产品种进行复杂性状遗传解析的新方法；揭示了影响水稻产量的理想株型形成的关键基因和分子基础；阐明了稻米食用品质精细调控网络，用于指导优质稻米品种培育；示范了高产优质为基础的分子设计育种，为解决水稻产量品质协同改良的难题提供了有效策略。育种专项成果"水稻高产优质性状形成的分子机理及品种设计"荣获 2017 年度国家自然科学一等奖。该成果引领了水稻遗传学的发展，是"绿色革命"的新突破和新起点。基因编辑加速野生植物驯化的首次突破，为未来作物精准设计提供了全新策略。Nature、Science News 等评论指出"该研究是基因组编辑技术加速野生植物驯化的范例""基因组编辑可望用于将成千上万野生植物驯化成有应用价值的农作物"。

水稻新品种"嘉优中科 6 号"和"中科发 5 号"是利用分子设计育种技术体系培育出的理想株型水稻新品种，不仅为作物精准设计育种提供了新方法，新思路，更为未来作物育种技术更新奠定了坚实的基础，有力的推动我国农作物传统育种向高效、精准、定向的分子设计育种转变。育种专项在单碱基编辑技术、基因精准调控及作物人工驯化上取得了连续突破，在推进植物基因组编辑技术创新的同时实现了作物遗传改良与育种应用。在水稻、小麦、玉米中创建了植物单碱基编辑系统，构建出更高效、编辑窗口更大的单碱基编辑系统，并在小麦、水稻及马铃薯实现了精准碱基替换；建立基因组编辑调控内源基因蛋白翻译效率新方法，创制了维生素 C 含量提高的生菜；成功地将多个产量和品质性状精准地导入野生番茄，使其在保持其耐盐碱和抗病的同时提高产量和品质，实现了野生植物的快速精准驯化。

（四）新品种选育进程加快，粮食安全进一步得到保障

育种专项通过分子设计、染色体细胞工程、诱变、杂种优势、常规育种等多种方法的有效结合，大大提高了新品种选育效率。育种专项实施五年来，培育优质、高产、抗逆和适宜机械化育种新品种共计 1350 个，其中国审品种 534 个，新品种累计推广 2.5 亿亩，取得了显著的经济与社会效益，为保障粮食安全和促进种业发展提供了重要科技支撑。

在水稻新品种方面，广适型水稻新品种"晶两优 534"，比区试对照品种

增产 5％以上，达到国家 3 级以上优质米标准，抗稻瘟病，适应性广，累计推广 880 万亩；"华浙优 261"集高产（增产 7.02％）、优质（品质一级），广适性于一身，2020 年通过长江上游地区国家审定，2020 获第三届黑龙江国际稻米节金奖第一名。

在小麦新品种方面，广适高产稳产小麦新品种"鲁原 502"，连续多年被列为农业农村部和省级主导品种，亩产突破 800 公斤，累计推广 5738.5 万亩，2019 年获得国家科技进步二等奖；超强筋早熟抗病小麦新品种"济麦 44"，被"首届黄淮麦区优质强筋小麦品种质量鉴评会"鉴评为超强筋品种，以 1500 万元实现了品种权转让，创我国优质小麦转让价格之最。

在玉米新品种方面，早熟宜机收强优势杂交种"京农科 728"，突破了夏播玉米机收籽粒的技术瓶颈，累计推广面积超过 1000 万亩；耐高温热害玉米新品种"中科玉 505"，在黄淮海夏玉米区居领先地位，累计示范推广超过 1300 万亩。

在棉花新品种方面，高产优质耐病棉花新品种"新陆中 82 号"，已成为第一师的主推优质品种并在南疆棉区推广 70 万亩以上。在大豆新品种方面，高产、高油、多抗大豆新品种"合农 75"，累计推广 1059.6 万亩，成为突破性大豆新品种。

在油菜新品种方面，抗根肿病强优势杂交油菜新品种"华油杂 62R"，是我国第一个抗根肿病杂交油菜新品种，其选育为我国油菜根肿病抗病育种提供了有效资源和分子标记辅助选择技术，累计在我国油菜根肿病高发区示范应用 12.05 万亩；

在蔬菜新品种方面，高产优质大果朝天椒新品种"飞艳"，累计推广 30 万亩。

▶28525 万亩

育种专项通过分子设计、染色体细胞工程、诱变、杂种优势、常规育种等多种方法的有效结合，大大提高了新品种选育效率。2020 年度，审定新品种 652 个，累计推广应用面积 28525 万亩，取得了显著的经济与社会效益，为保障粮食安全和促进种业发展提供了重要科技支撑。

（五）鉴定种子身份，初步构建农作物的指纹数据库

和人类一样，农作物也同样具有"指纹"，而且不同品种农作物的"指纹"绝对不会雷同。农作物的"指纹"是由农作物内的 DNA 决定的，它从分子水平上为农作物品种提供了一张身份证。有了它，农业专家就可以通过"指纹"显示出来的不同特性，快速、简便地完成农作物种子鉴定、质量监控，而且对于理清我国农作物种质的血缘关系、杂种优势群划分、种质创新及新品种选育都非常有帮助。

随着我国农作物品种数量剧增，以及海量的种质资源和育种材料，迫切需要更精准便捷地鉴定其遗传背景和明确其身份。育种专项基于大数据、多平台，确定了七大农作物品种身份鉴别的候选核心位点组合，建立七大农作物优异位点池，在农作物品种鉴定、优异位点开发共性技术等方面取得重要进展，主要农作物种子分子指纹检测技术不断优化，应用成效显著。

育种专项在已建立的玉米、水稻等 SSR-DNA 指纹技术基础上，研发建立了适用于 KASP、芯片、定点测序等多技术平台的七大农作物高通量的 SNP 分子鉴定技术体系，制定出 7 项行业标准；基于标准样品、标准方法、核心位点组合，已在全球率先完成七大农作物 5 万多品种 SNP-DNA 标准指纹的构建，其中玉米 25182 个、水稻 10001 个，总数据量已达千万级；研发兼容多作物、多标记、多平台、标准统一的数据库管理系统，为多种作物开展 DNA 指纹数据库构建及查询、比对、分析提供关键技术和共享平台。

育种专项按照统一技术路线，各作物均选取代表性材料，通过全基因组重测序，数据挖掘、评估，建立从几百万（水稻）到几千万（玉米）数量级的优异 SNP 位点池，再综合利用生物信息学、分子遗传学等方法，筛选出几千至几万级的优异位点，研制定型 7 款高密度、高质量、高兼容性 SNP 芯片。其中，玉米 Maize6H-60K 芯片已授权生产 10 万张，在多家大型种企中规模化应用。进一步分别从各作物的高密度芯片中确定几十至几百量级的基本核心位点，用于 SNP-DNA 标准指纹库构建和快速准确、经济简便的大规模检测应用；所研制 SNP 鉴定技术标准规范通过多角度评估测试显示与 SSR、田间表型鉴定结果具有高度相关性和一致性。

三、"七大农作物育种"重点专项突破性研究成果

（一）单倍体育种高效技术体系构建与应用

玉米方面，率先精细定位并独立克隆了两个玉米 单倍体诱导关键基因，发明了诱导系分子育种方法，育成系列高频单倍体诱导系；首次提出基于籽粒油分 鉴别单倍体的技术原理，实现了单倍体鉴别的自动 化，开辟了鉴别技术新途径；建立了工程化纯系生产 技术体系，突破单倍体加倍技术瓶颈，打破传统选系 模式，并在全国实现规模化应用。

油菜方面，国际上首次创制出具有双单倍体诱导 特性八倍体油菜诱导系，表现出替代油菜传统的小孢 子培养技术的前景，在油菜及十字花科蔬菜亲本创制、品种选育、远缘杂交、基因编辑中广泛应用。

小麦方面，建立了基于小麦玉米杂交的小麦双 单倍体高效生产技术规程，年产小麦双单倍体不少 于 2 万个，突破了从小麦玉米杂交"单倍体产生"到"单倍体生产"的系列关键技术瓶颈，成功应用于小麦 温光敏核不育系、恢复系、常规品种的高效创制及双 单倍体群体构建等。 蔬菜方面，建立了大白菜游离小 孢子规模化培养技术，创制了高维生素 C、高 β 胡萝 卜素的桔红心和高花青苷的紫色叶球双单倍体系 300 余份，获得抗性等综合性状优良的优势材料 8 份。

玉米单倍体育种技术体系是我国具有完全自主 知识产权的研究成果，该技术的应用激发了我国种 业研发的活力，所选育的杂交种得到大面积推广，创造了巨大的经济社会利益。 油菜双单倍体诱导系在 十字花科蔬菜上的利用，可改变我国部分优良十字 花科蔬菜受制于国外的瓶颈。

（二）高产高效协同机制推新绿色革命

首次从表观遗传学角度阐明氮素调控水稻分 蘖生长的作用机制，从分子水平上揭示了"绿色革 命"矮秆品种在高肥条件下增产的原因。 克隆了水 稻高产和氮肥高效利用协同改良的关键基因，揭 示了赤霉素信号传递途径调控水稻产量的新机 制，并从分子水平阐明了"绿色革命"水稻小麦品 种高产和氮肥高效利用难以协同改良的原因，并 提出了通过调控植物生长 – 代谢平衡实现可持续 农业发展的一种育种新策略。

针对我国玉米品种不耐密现状，首次从玉米 野生种大刍草中克隆了控制玉米紧凑株型、密植 增产的关键基因，建立了玉米紧凑株型的遗传调 控网络。

玉米紧凑株型的分子调控网络的建立为 玉米理想株型分子设计育种、培育耐密高产品种提供了理论和实践基础。 玉米野生祖先种大刍草 优良等位基因的发掘和利用是拓宽玉米种质遗传 基础、打破育种瓶颈的有效途径。

面向国家粮食安全和农业可持续发展的重大战 略需求，这些创新性研究成果为克服"绿色革命"的弊 端和突破农作物"少投入、多产出、保护环境"的可持 续农业发展的育种瓶颈问题提供了理论基础，也为兼 顾国家粮食安全与环境安全提供了解决方案。

（三）农作物抗病基因克隆与信号解析及育种应用

深入解析了广谱抗病受体激发广谱抗病的信号 通路，通过激发植物的防卫反应继而提高植物的广谱 抗病性，填补该领域研究空白。 目前，已经有 40 多家 育种单位利用该抗病基因组合选育并通过审定的抗 病新品种 8 个，累积推广 2280 多万亩。

在我国特有的广谱持久抗小麦赤霉病资源苏 麦 3 号中克隆出抗赤霉病基因 Fhb1，为培育抗赤 霉病小麦提供有重要价值的基因和分子标记，已经 选育抗赤霉病小麦品系 37 个，被无偿分发到全国 58 家育种单位，其中选育的 6 个品系进入预试或 区试，1 个品系进入推广应用阶段，具有巨大的推 广应用潜力。

解析了水稻中受体激酶在细胞死亡和水稻先天 免疫反应中的调控机制，揭示了相关的信号转导通 路，为水稻广谱抗病分子育种提供了新的理论基础。

农作物抗病基因克隆与信号解析的系列成果不 仅为控制我国口粮重要病害提供抗病基因资源，也 为有效解决农作物育种的难题提供理论与技术支 持，对保障我国口粮安全有重要战略意义，也是我国 农业可持续绿色发展的重大战略需求。

（四）农作物抗虫基因克隆与信号解析及育种应用

发掘多个抗虫基因，阐明了水稻抗虫分子机制。解析了首个被克隆抗褐飞虱基因的功能，发现其与 转录因子的相互作用，增强转录因子的稳定性，进而激活受体样细胞质激酶基因和胼胝质合酶基因的转 录，从而产生抗虫性；揭示了调控类黄酮的合成介导 褐飞虱抗性的新机制；阐明了油菜素内酯通过整合水杨酸和茉莉酸途径负调节水稻褐飞虱抗性的信号 调控网络。

首次揭示水稻与害虫通过调控内源 5- 羟色胺 生物合成进行"军备竞赛"的机制。 发现源自分支酸 的 5- 羟色胺和水杨酸的生物合成存在相互负调控，褐飞虱、二化螟取食感虫品种可促进 5- 羟色胺合成 相关基因表达，增加 5-

羟色胺含量，减少防御激素 水杨酸含量，降低抗虫性；但抗虫品种中相关基因的 表达不受害虫取食诱导，导致水杨酸含量升高而 5– 羟色胺含量降低，从而增强抗虫性。

对二化螟和褐飞虱的防治长期依赖农药，既破 坏环境又增加生产成本。目前仅克隆了少数几个抗 褐飞虱基因，而水稻抗螟虫基因尚未见报道。 上述害 虫与寄主互作机制解析为抗虫育种提供了新思路。 克隆并功能解析抗虫基因，将为抗性育种提供重要 基因资源及理论指导。 在抗性基因发掘基础上，构建 高效抗虫分子育种平台，创制一批抗虫水稻新品系，为抗虫品种的培育奠定了基础。

（五）水稻亚种间杂种优势利用技术及超高产重大品种培育

通过半高秆高生物产量超高产新株型模式构 建、亚种间杂种优势利用技术创新和特异种质新材料创制，攻克亚种间杂种不育、产量性状相互制约 等育种难题，突破了水稻超高产与不同稻区生态条 件限制的技术瓶颈，创造所属生态区水稻超高产纪 录。 一是强优势杂交中稻"超优千号"大面积示范分别于 2017 年和 2018 年创造了高纬度稻作区亩产 1149.02 公斤和低纬度亚热带稻区亩产 1152.3 公斤 的世界纪录；二是"春优 927"，在区试中比对照增产 18.1％（强优势杂交种标准是增产 8％），米质达三等 优质米，百亩示范亩产超过 1000 公斤，创造了长江 下游稻区水稻大面积超高产纪录；三是育成籼粳亚 种间强优势第三代杂交水稻"叁优一号"，双季稻亩 产 1530.67 公斤，是长江中游双季稻区水稻研究的 重大突破；四是"福恢 676 系列"8 个强优势杂交种，比超级稻对照增产 8.0％以上，其中"聚两优 676"增 产幅度超过 19％。

对未来水稻育种具有引领性、世界性意义。 至 2019 年，用"福恢 676"配组的 13 个杂交稻新品种 共 15 次通过国家、省级审定。 据统计，"福恢 676"配 组的系列品种累计推广面积达 40 万亩，按两年区 试比对照平均增产稻谷 60.83 公斤计算，共增产稻 谷 2433.2 万公斤，每公斤稻谷按 3.6 元计算，共增 加社会经济效益 8759.5 万元。

（六）优质节水高产小麦新品种创制与应用

面向口粮绝对安全目标，培育出广适高产稳产 小麦新品种"鲁原 502"、高产高光效小麦新品种"百农 4199"及高产小麦新品种"烟农 1212"等多个 新品种。"鲁原 502"大面积亩产突破 800 公斤，五 年累计推广 7300 多万亩；"百农 4199"累计推广面 积达 1000 余万亩；"烟农 1212"两次刷新小麦水地和旱地单产全国记录，累计推广 500 多万亩。

面向高质量品质改良目标，培育出超强筋早熟 抗病小麦新品种"济麦44"、优质强筋高产小麦新 品种"中麦 578"、优质强筋小麦新品种"泰科麦 33"等。"济麦 44"蛋白和淀粉理化特性好，品质突出，富含锌硒，营养价值高，2017、2018 年连续 2 年达 到郑州商品交易所期货用标准的一等优质强筋小 麦；"中麦 578"面包品质接近进口优质加麦水平，累计推广 400 多万亩；"泰科麦 33"品质达到中强 筋小麦品种标准，累计推广近 300 万亩。

面向绿色抗病目标，培育出抗条锈优质强筋小 麦新品种"西农 529"、抗赤霉病优质强筋小麦新品种"西农 511"等。"西农 529"采用远缘杂交与染色体工 程技术将抗条锈病等抗病性状与优质强筋性状聚合 培育出抗病优质的小麦新品种，累计推广 560 万亩；"西农 511 "综合抗病性突出，中抗赤霉病、纹枯病、叶枯病轻，高抗至中抗条锈病，2018 年被评为绿色小 麦品种，累计推广 700 多万亩。

该系列小麦新品种具有产量性状突出、品质 特性优良、综合抗病性好、资源高效利用等优点，将减少农药化肥使用量，消减赤霉病的蔓延趋势，满足市场多元化需求，缓解供需矛盾，同时提高种 粮比较效益，增强农民的种粮积极性，促进现代农 业发展。

（七）优质高产高效水稻新品种创制与应用

培育绿色、高产、优质、多抗、广适水稻新品种 357 个，其中国审品种 101 个，累计推广 8000 多万亩。

面向高产稳产目标，培育出强优势国审"稻湘两 优 900"、优质高产杂交水稻新品种"荃优华占"、理 想株型水稻新品种"嘉优中科 6 号"及高产优质水稻 新品种"中科发 5 号"，"湘两优 900"在 2016-2018 年的百亩示范中屡创新记录，2018 年平均亩产 1152.3 公斤，超高产攻关实现 17 吨 / 公顷，再创世界高产新纪录；"荃优华"占比对照增产 5% 以上，米 质达到国家《优质稻谷》标准 2 级，累计推广 342 万 亩；"嘉优中科 6 号"具有超高产、早熟、抗倒和低直 链淀粉含量等优点，比对照增产 13% 以上；"中科发 5 号"具有高产、优质、多抗、分蘖强、灌浆速度快、适应性广等优点，比对照增产 10% 以上。

面向品质改良目标，培育出强优势高档优质杂 交粳稻新品种"天隆优 619"及优质水稻新品种"泰丰 优 208"，"天隆优 619"带有天然香味的三系杂交粳 稻，米质优达国标 1 级，稻瘟病、耐盐碱等综合抗性 好；"泰丰优 208"

外观品质和食味品质俱佳，深受加工米厂的欢迎，稻谷收购价格高，可以显著提高农民收入，同时提高农民种植水稻的积极性。

育成的系列高产、优质、广适、多抗水稻新品种，成为各地供给侧结构改革主推品种，对调整产品结构、加快推进供给侧结构改革具有重大作用。

（八）氮磷协同高效促进农业绿色生产

本成果提出了"水稻氮高效利用－早熟－高产绿色育种新模式"，形成了"茶园套作氮磷协同高效大豆和土壤生境优化技术"的农业绿色发展先行先试典型模式，并大面积示范推广。

通过解析作物氮磷协同高效机制，克隆了氮与光互作影响氮效率及产量的关键基因，揭示了养分调控水稻光合作用促进氮素吸收、氮信号反馈调控开花对光的响应机制，提出了水稻氮高效利用－早熟－高产的绿色育种新模式；克隆了提高根系－菌根／根瘤氮和磷吸收的关键基因，发现了根系与根际微生物协同互作，提高土壤－作物系统氮磷利用效率的新机制；挖掘了氮磷高效基因优异等位变异，并应用于绿色育种，协同提高了水稻／大豆等氮磷利用效率。

"茶园套作氮磷协同高效大豆和土壤生境优化技术"3万多亩示范区减肥减药超过30％，减少水体磷污染60％以上，辐射面积逾30万亩，培训农民近万人次，成果展现了作物减肥增效、土壤健康提升、农业生态环境优化的效果。

氮磷等化肥施用大幅度提高了全球粮食产量，然而，化肥大量使用带来的土壤健康、水体富营养化、温室气体排放加剧等生态环境问题，制约了农业的绿色发展。解析作物高产与氮磷高效协同机制，创新氮磷协同高效品种和技术，已成为实现养分资源高效利用的关键途径。相关研究成果为实现作物减肥增效、土壤健康提升、农业生态环境优化提供了新理论和新技术。

（九）主要农作物品质性状分子机理解析与遗传育种应用

本成果通过基因组学和分子育种等学科交叉研究，在品质性状的全基因组解析上获得重大突破，对营养强化与健康功能品质的改良实现了源头创新，对外观、蛋白、淀粉、纤维、油脂、营养功能等品质性状控制基因的挖掘取得纵深进展，在优质新品种创制及应用中获得了实际成效。

组装并分析了优质蛋白玉米自交系的基因组，为优化玉米蛋白品质提供了分子机制和调控网络。在全基因组水平上揭示了优质棉纤维形成的关键遗传机制，为棉纤维品质改良提供了新的分子途径。破译了黑麦复杂基因组，为高效利用其淀粉合成与面筋蛋白基因改良小麦品质奠定了基础。

率先在作物中创制出糊粉层加厚性状并阐明了其分子作用机制，鉴定出控制稻米食味品质的关键基因以及调控稻米外观品质和产量的重要基因，推动稻米多种品质性状及其与产量水平的协同改进。

通过重塑面筋蛋白组成和编辑淀粉合成关键基因，实现了小麦营养、健康与加工品质性状的协同改良，建立了强筋小麦设计选育体系，培育出了强筋专用小麦新品种"科兴 3302"。

我国水稻品质及其与产量潜力的协同改进还有很大提升空间，相关成果可大幅度地协同改进水稻品质与产量；我国每年需进口 500 万吨左右的优质强筋小麦用于面包加工，"科兴 3302"在多项品质指标上超过已有强筋品种，面包加工品质评分达到 98（满分为 100），在多年多点的区域和生产试验中品质表现稳定，生产试验平均亩产达到 594 公斤，将为解决我国强筋专用小麦匮乏的问题作出重要贡献。

（十）优质高产广适大豆新品种创制与应用

面向大豆主要优势产区，建设规模化测试网点和育种体系，培育适应不同区域栽培的高产、优质、抗病虫、抗逆、广适性的大豆新品种 136 个，其中国审品种 25 个，累计推广面积达 3000 多万亩。高产优质广适大豆新品种"齐黄 34"，具有高产稳产，抗病抗倒，适宜机械化作业等特性，2018 年以来推广 500 万亩以上，已成为当前黄淮海大豆生产上的主栽品种之一；高产大豆新品种"绥农 44"累计推广 500 万亩，成为全国第六大主推大豆新品种；大豆新品种"合农 76"，适宜油用或传统豆制品加工，累计推广 419.8 万亩；高蛋白、高产、大粒新品种"绥农 52"，百粒重 29 克左右，蛋白质含量 42.09%，脂肪含量 19.72%，缺失脂肪氧化酶，低豆腥味，2019 年推广面积 311.89 万亩；优质、高产、耐密、宜机收大豆新品种"中黄 301"，高产稳产，抗病耐逆，抗倒耐密，适宜全程机械化作业，品质好，蛋脂总量为 63.42%。

高产优质广适大豆新品种"齐黄 34"，创黄淮海地区大豆品种转让收益新记录（1800 万元），在黄淮海地区大面积推广应用，带动了黄淮海地区大豆生产的发展，满足了市场对国产优质食用大豆的迫切需求，为实现国产大豆"扩面、增产、提质、绿色"的产业振兴目标发挥积极作用；高产、高油、多抗大豆新品种"合农 75"，累计推广 1059.6 万亩，成为突破性大豆新品种，对全国大豆生产的稳定和发展发挥了重要作用，主要经济作物分子设计育种项目研究团队育成的大豆品种总种植面积 10 余年居全国之首位，为解决我国东北地区农作物种植结构变化所带来大豆早熟高产品种缺乏问题提供了品种保障。

（十一）高产优质适于机械化油菜新品种创制与应用

我国油菜耕作制度与其他国家明显不同，品种适应机械化生产要求比加拿大等国家更严格，须兼具抗倒、抗裂角、抗/耐菌核病等特点。累计登记新品种 92 个，这些品种普遍具有株高较矮、产油量高、综合抗性强、适应性广等特性。5 个代表性品种应用面积除"宁 R101"外均超过 100 万亩。

"阳光 131"破解了早熟与高产、抗病、耐寒间的矛盾，聚合了迟播早发、早熟抗病、耐渍抗倒等性状，是三熟制新品种选育的突破。区试中比早熟对照增产 30–45％，平均生育期 173 天，比一般品种短 40 天。

"华油杂 50"含油量 49％以上，区试中产量高对照品种 7.4％，综合性状突出，适宜整个长江流域地区种植。其种子实际物理压榨出油率均超过 42％，部分地区甚至超过 47％（普通品种物理压榨出油率约 38％）。

"秦优 1618"区试中比对照增产 8.5％，含油量比对照高 3.28 个百分点，产油量比对照高 16.73％。该品种适合在我国长江流域、黄淮冬油菜区及春油菜区种植。

"青杂 15 号"区试中产量比对照增产 9.73％，抗旱、抗倒性强于对照品种。该品种适合在我国春油菜区种植。

"宁 R101"是我国第 1 个非转基因抗磺酰脲类除草剂油菜新品种，产量与对照品种相当，适合在我国长江中下游及春油菜区种植。该品种为我国抗除草剂育种提供了资源，其应用有益于节本增收。

油菜新品种的创制与应用有利于保障我国优质食用植物油的安全供给，有利于油菜产业的提质增效与可持续发展及农业生态环境的保护。目前 5 个代表性品种已在生产上大面积应用，其中 4 个推广面积达到 100 万亩以上，前景广阔；"宁 R101"可为我国油菜抗除草剂育种提供有效资源，有利于后续新品种的选育及农业生态环境保护。

（十二）优质多抗适应性强蔬菜新品种创制与应用

针对设施、露地和加工专用品种的育种特点，培育优质、多抗和对环境适应性强的蔬菜新品种。育成辣椒新品种，如高产优质大果朝天椒新品种"飞艳"，抗疫病，耐病毒病，高产，果实商品性好，辣香味俱佳，货架期长，耐储运，累计推广 30 万亩；朝天椒新品种"博辣天玉"，口感甜脆，品质佳，干物质含量 19.8％，已 部分替代国外品种泰国"艳红"、"艳美"，累计推广 19.6 万亩。 育成黄瓜新品种，如高产、优质黄瓜新品种"津优 301"和"驰誉 505"，分别推广 13.5 万亩和 14 万亩，田间表现抗病力强、商品性好、产量突出。 育成白菜新品种，年推广面积达 5 万亩以上，如"京春娃 4 号"（春白菜），中棵菜，抗黄萎病；"绿笋 70"（秋白菜），中熟包 尖类型，株型直立，质地甘脆；"黄玫瑰"（不结球白菜），具有抗寒，抗芜菁花叶病毒，较抗霜霉病等特点；育成 的"中甘 628"（甘蓝），具有早熟，优质，耐枯萎病，适应 性强等特点，年推广面积达 5 万亩以上；育成的"优松 60"（花椰菜），具有早熟，花球洁白耐晒，株型直立、紧 凑，适宜密植等特点，年推广面积在 5 万亩以上。

随着市场需求的变化，生产中对蔬菜品种的需 求趋于专用化、多样化。选育出了一大批不同类型的品种，适应了市场需求和生产中的实际问题，品 种的推广应用对乡村振兴、农民增收将起到促进 作用。 同时，新方法的建立促进了学科发展，新材 料的培育为实用品种选育奠定了基础。

（十三）优质高产适于机械化棉花新品种创制与应用

一系列各具特色的棉花新品种培育，与"宽早 优"等植棉技术配套，通过"良种＋良法"与全产业 链一体化布局，将大幅提升我国棉花整体品质，确 保我国高品质棉花稳定供应。

针对新疆提质增效需求，培育适宜南疆达到 或接近澳棉标准的"双 30"品种"中棉所 96A"等，提升内在品质，是莎车县科技扶贫明星品种，产 量提升 30％；配套的"宽、早、优"植棉模式，提高 生产品质。 培育适宜北疆集高产、稳产、优质、早 熟于一身的"中棉 113"等，实现伊犁等低积温风 险棉区优质高产示范，推荐为 2021 年六师、七师 主栽品种，其推广应用将使北疆部分风险棉区转 变为适宜或次宜棉区，相关品种 2020 年均示范 推广 30 万亩。

针对长江和黄河流域轻简化生产需求，建立 棉花"三系"分子标记辅助育种技术体系，"中棉所 99"和"鲁杂 2138"示范推广 200 多万亩；培育适合 全程机械化管理的优质品种"ZD2040"等、增产幅 度 15％以上的优质品种"中棉所 119"等，已在两个 流域示范推广应用。

培育的棉花新品种通过产量和品质等性状同 步提升，为各个棉区发展提供了科技支撑，为广大 棉农创收提供了科技保障，起到了科技扶贫、稳定 发展的示范带动作用，不仅对保障我国棉花产业 和提升国际影响力具有重要意义，而且有利于维 护边疆安全稳定。

第二节　基于基因编辑技术的农作物育种研究成果

利用基因编辑技术进行农作物育种，已成为国际科学竞赛新的热门领域。2021 年的中央一号文件对种业工作做了全面部署，明确了要尊重科学、严格监管，有序推进生物育种产业化应用。2021 年中央一号文件提出，对育种基础性研究以及重点育种项目给予长期稳定支持。加快实施农业生物育种重大科技项目。深入实施农作物和畜禽良种联合攻关。实施新一轮畜禽遗传改良计划和现代种业提升工程。尊重科学、严格监管，有序推进生物育种产业化应用。加强育种领域知识产权保护。支持种业龙头企业建立健全商业化育种体系，加快建设南繁硅谷，加强制种基地和良种繁育体系建设，研究重大品种研发与推广后补助政策，促进育繁推一体化发展。在世界范围内，基因编辑技术已经在分子育种中发挥着越来越重要的作用。通过基因编辑技术培育高产、优质、高效农作物和高附加值新品种，有助于提升国家的农业产业竞争力，保障粮食安全。因此，要抓住我国种业发展的机遇，加快推进农业关键核心技术攻关，补齐基因编辑技术育种突出短板，集中力量打好种业翻身仗，实现我国重要农产品种源自主可控。

基因编辑技术在近几年发展迅速。目前基因编辑技术中 CRISPR/Cas9 系统已经应用于许多植物上，包括水稻、玉米、大豆等。李家洋表示，中国在植物科学和作物科学的基础研究方面的实力是非常强的，很多方面跟国际先进水平差距不大，水稻方面更是世界领先。我国基因编辑领域的发展很快，特别是在植物基因编辑技术方面有很多专利，这在一定程度上能给予农业生物育种技术支撑。目前，我国已在水稻、油菜、柑橘等作物的品种研发中开展了基因编辑技术研究。

一、基因编辑技术在油菜育种中的研究成果

随着基因编辑技术的逐步发展，其应用范围越来越广泛，目前在油菜中

也已有不少尝试。尤其是 CRISPR 技术，在已发表的油菜基因编辑相关工作中占据绝对主导地位。我们将从产量、品质、抗性、花色等性状，对相关工作进行分类介绍并进行汇总（其中未具体说明所使用的基因编辑技术的，均为使用 CRISPR/Cas9 技术）

（一）种子产量

产量性状是农作物育种中最受关注的性状之一。油菜的产量主要是指菜籽油的产量，受种子大小、种子重量、单角果种子数量、种子含油量等因素的直接影响。三酰基甘油（TAG）是植物种子的主要贮藏油，由甘油 3- 磷酸酰基转移酶（GPAT）、溶血磷脂酸酰基转移酶（LPAT）和二酰基甘油酰基转移酶（DGAT）等生物合成酶依次催化合成（Chapman and Ohlrogge, 2012）。Zhang 等（2019）将甘蓝型油菜 BnLPAT2 基因的 7 个同源拷贝和 BnLPAT5 基因的 4 个同源拷贝全部敲除，获得的 Bnlpat2/Bnlpat5 双突变体种子干枯、油质体增大、蛋白质体分布中断、淀粉积累增多、含油量显著降低，说明 BnLPAT2 和 BnLPAT5 在油菜种子油脂生物合成中起重要作用。Khan 等（2021）敲除 CYP78A6 家族基因 BnaEOD3 基因获得的突变体植株角果和种子变小，但单株种子数量和重量增加。Yang 等（2018）敲除细胞分裂和分化相关基因 CLAVATA1（CLV1）、CLV2 和 CLV3，发现敲除 BnCLV 基因会导致多房角果，提高了种子产量。此外，Karunarathna 等（2020）通过同时敲除与种子含油量相关的两个基因 BnSFAR4 和 BnSFAR5，获得的突变体植株中种子含油量明显增加。

株型，包括株高和分蘖数等，也是影响油菜产量的重要因素。植物的株型受独脚金内酯、油菜素内酯、赤霉素、生长素等植物内源激素的调节（Wendel et al., 2016; Wang et al., 2018）。Zheng 等（2020）敲除独脚金内酯合成酶基因 BnaMAX1，发现植株分枝数增多且株高变矮。Stanic 等（2020）敲除独脚金内酯受体基因 BnD14，获得的油菜突变体植株表现出分枝数增加、株高变矮、单株花数目增加的表型。Sriboon 等（2020）发现，敲除花发育相关基因 TERMINAL FLOWER 1（TFL1）会显著降低植株的株高、分枝起始高度、分枝数、主序角果数、单个角果种子数和角果数。此外，Chen 等通过使用单碱基编辑技术，对油菜生长素相关基因 IAA7 的保守基序（GWPPV）和赤霉素相关基因 RGA 的保守基序（VHYNP）进行点突变，分别导致油菜产生花朵及角果向下生长和植株矮化的表型（Cheng et al., 2021）。

此外，油菜的产量还受角果开裂性状和叶片光合效率的影响。拟南芥中的研究表明，角果开裂受 SHATTERPROOF1、SHATTERPROOF2、INDEHISCENT（IND）和 ALCATRAZ（ALC）等转录因子的调节（Liljegren et al.，2004）。Braatz 等（2017）发现，敲除油菜 ALC 基因可抑制角果的破碎。Zhai 等（2019）进一步发现，与敲除 ALC 基因相比，敲除 IND 基因获得的油菜突变体植株抗角果开裂能力更强；并且在 IND 基因的两个拷贝中，敲除 BnA03.IND 的抗角果开裂效果强于敲除 BnC03.IND。Hu 等（2018b; 2020）通过敲除两个调控叶片形状基因 BnA10.LMI1 和 BnA10.RCO，获得的突变体植株叶片无裂角，可能影响光合作用效率和种子产量。

（二）油脂品质

菜籽油的品质在很大程度上取决于其脂肪酸的含量和组成，以及类黄酮、维生素等微量营养成分的含量。菜籽油主要含有 5 种脂肪酸，即棕榈酸（16∶0）、硬脂酸（18∶0）、油酸（18∶1）、亚油酸（18∶2）和亚麻酸（18∶3），以及其它微量脂肪酸（Peng et al.，2010）。脂肪酸去饱和酶基因（FAD2）是影响油酸、亚油酸和亚麻酸三种主要脂肪酸的关键基因（Okuzaki et al.，2018）。Huang 等（2020）通过在甘蓝型油菜中敲除 FAD2 基因的 4 个拷贝，获得了高油酸的株系。此外，菜籽油中一般含有较高含量（2% ~5%）的抗营养物质植酸（PA，即肌醇六磷酸），而肌醇四磷酸激酶（IPTK）是催化 PA 生物合成的关键酶基因。Sashidhar 等（2020）通过敲除 BnITPK 基因的多个拷贝，获得了低 PA 的油菜株系，有望改善菜籽油营养价值。

在油菜中，黄籽是一种优良性状，可改善菜籽油的色泽，提高其经济价值。黄籽性状主要由种皮中的类黄酮等色素物质的含量决定。Zhai 等（2020）通过敲除类黄酮生物合成途径基因 BnTT8 基因的多个拷贝，获得的突变体植株 Bntt8 表现黄籽性状，并且提高了蛋白含量和脂肪酸含量；此外，Bntt8 中棕榈酸（C16∶0）、亚油酸（C18∶2）和亚麻酸（C18∶3）的含量与野生型相比也得到了提高，而硬脂酸（C18∶0）和油酸（C18∶1）的含量则减少。Xie 等（2020）通过敲除 BnTT2 也获得了黄籽性状的甘蓝型油菜植株，同时提高了亚油酸（C18∶2）和亚麻酸（C18∶3）的含量。

2020 年 3 月，浙江大学和德国基尔大学育种研究所的科学家团队在《植物生物技术》上在线发表了关于利用基因编辑技术敲除 SFAR 基因以提高油菜种子含油量的研究成果。研究人员在油菜基因组中筛选鉴定到 12 个降低种子含油量的 SFAR 同源基因，并利用 870 份油菜品种的重测序数据，对鉴定的 12 个 SFAR 同源基因进行了 SNP 扫描，进而选取了 2 个 BnSFAR1 基因和 4BnSFAR4 基因，筛选出 EMS 突变体库中的相关材料，同时通过 CRISPR/Cas 技术获取 SFAR 基因敲除材料。对这些突变体材料后代的表型分析发现，多基因敲除的种子含油量得到提升，而单基因突变材料的种子含油量差异不明显。这些结果也证明了多基因敲除是研究多倍体物种基因功能的有效方法。这项研究为多倍体油料作物中 SFAR 参与的脂肪酸降解及种子含油量降低提供了一些参考，为高含油量油菜育种开辟了一条新途径。

（三）开花时间

开花时间对农作物栽培周期和产量有重要影响。Sriboon 等（2020）通过敲除开花调控基因 ERMINAL FLOWER 1（TFL1）基因的 5 个拷贝，发现敲除其中一个拷贝（BnaC03.TFL1）后，油菜植株表现出早花表型，而敲除其他拷贝则对开花时间没有明显影响。表观遗传修饰在植物开花中发挥重要作用（Campos-Rivero et al., 2017）。Jiang 等（2018）通过使用 RNAi 和 CRISPR 技术在甘蓝型油菜中敲除组蛋白甲基化酶基因 SDG8，发现 BnaSDG8.A/C 缺失突变体植株开花时间提前，说明与拟南芥中类似（Lin et al., 2018），甘蓝型油菜 SDG8 基因也具有抑制植株早开花的功能。在拟南芥中，SPL3 是 LEAFY（LFY）、FRUITFULL（FUL）和 APETALA1（AP1）的上游调控因子，调控分生组织发育阶段的转变，影响植株的开花时间（Yamaguchi et al., 2009）。Li 等（2018）发现，在甘蓝型油菜中通过敲除 BnSPL3 基因会导致植株发育迟缓，开花时间延迟，说明在甘蓝型油菜中 SPL3 也参与了发育阶段转变的调控。

（四）花色

油菜除可生产菜籽和作为食用蔬菜外，油菜花还具有观赏价值，对一些油菜种植区的旅游经济发展具有重要促进作用，同时花色对油菜自身吸引昆虫授粉和传播种子也至关重要，因此花色在油菜遗传育种中也备受关注。甘蓝型油菜的花瓣颜色主要是由类胡萝卜素的含量决定（Nikolov, 2019）。Liu 等（2020）发现，敲除甘蓝型油菜中两个参与类胡萝卜素合成的玉米黄质环氧化酶基因 BnaC09.ZEP 和 BnaA09.ZEP，改变了花瓣中类胡萝卜素的积累（紫黄素含量降低，叶黄素含量升高），从而导致了橘色花的产生。

（五）育性

雄性不育系在作物杂交育种中具有重要价值。雄性不育包括细胞质雄性不育（cytoplasmic male sterility，CMS）和细胞核雄性不育（genic male sterility，GMS），其中 CMS 一般由线粒体基因与核基因互作决定。Kazama 等使用 TALEN 技术敲除油菜 CMS 株系 SW18 的线粒体基因 orf125，可恢复 SW18 的育性，验证了 orf125 是 SW18 不育性的控制基因（Kazama et al.，2019）。甘蓝型油菜 Yi3A GMS 系统的育性转换受到单基因座 MS5 的影响，该单基因座具有三个不同的功能等位基因，即恢复系等位基因 Ms5a、雄性不育等位基因 Ms5b 和保持系等位基因 Ms5c。Xin 等（2020）发现，敲除 Y127 株系中的 Ms5a 基因或敲除 Westar 株系中的 Ms5c 基因，均会导致雄性不育，说明 Ms5a 和 Ms5c 基因是控制 Yi3A GMS 细胞核雄性不育性的主要基因；该研究还发现，Ms5b 通过与 Ms5a 或 Ms5c 形成无功能的异源二聚体而显性抑制 Ms5a 或 Ms5c 的功能，从而导致雄性不育。

（六）抗性

油菜在生长过程中面临着许多生物胁迫（如病原菌）和非生物胁迫（如干旱）的挑战。在油菜中，常见的病害有菌核病、根瘤病和黑胫病等，而常见的非生物胁迫包括干旱、高温、冻害等。WRKY 转录因子广泛存在于高等植物中，而许多 WRKY 转录因子已被报道参与植物抗病反应（Jiang et al.，2016）。Sun 等（2018）发现，在油菜中敲除 WRKY11 后，油菜对菌核病的抗性并无明显变化；而敲除 WRKY70 则可明显提高油菜对菌核病的抗性。Pröbsting 等（2020）通过敲除钙网蛋白 CRT1a 基因，增强了甘蓝型油菜对黄萎病菌的抗性。DELLA 蛋白家族是 GA 信号传导的关键抑制因子（Ueguchi-Tanaka et al.，2007），油菜拥有 10 个 DELLA 基因，包括 4 个拟南芥 RGA 同源基因，即 BnaA6.RGA、BnaC7.RGA、BnaA9.RGA 和 BnaC9.RGA。Wu 等（2020b）通过敲除油菜中的这 4 个 RGA 基因，发现 BnaA6.RGA 是耐旱性的正调控因子，可通过增强油菜对 ABA 的敏感性来促进气孔关闭，从而增强油菜抗旱能力；此外，该研究还发现 BnaA6.RGA 还通过直接与 BnaA10.ABF2 相互作用，调控干旱响应基因的表达。

（七）耐除草性

杂草是油菜田间生长的重要威胁，培育耐除草剂油菜品种是管理杂草最经济有效的手段之一。乙酰乳酸合成酶（acetylolactate synthase，ALS）是生物合成支链氨基酸的关键酶，是几种重要除草剂的靶点。Wu 等（2020a）利用基于鼠源胞嘧啶脱氨酶的单碱基编辑器，将 BnC01.ALS 基因 197 位密码子上的 C

转化为 T，获得的 P197S 油菜突变体表现出耐除草剂（苯磺隆）的表型。与此结果相一致，Cheng 等（2021）利用基于人源胞嘧啶脱氨酶的单碱基编辑器突变油菜 ALS 基因，发现 BnC01.ALS 和 BnA01.ALS 的 P197F 突变均能赋予油菜抗苯磺隆除草剂能力。该研究还发现，同时突变 BnC01.ALS 和 BnA01.ALS 这两个 ALS 拷贝的油菜植株比突变单个拷贝的植株能够耐受更高浓度的除草剂，说明 ALS 突变介导的除草剂抗性具有一定的剂量效应。

油菜作为世界第二大油料作物，在农业生产中具有举足轻重的地位，对油菜品种进行遗传改良具有重要意义。近年来，基因编辑技术的快速发展，为作物基因功能解析和遗传育种提供了新的方法和工具。在油菜中，研究人员们针对产量、品质、抗性、开花时间、花色、育性、除草剂抗性等重要农艺性状，利用 CRISPR/Cas9 为代表的基因编辑技术，进行了广泛探索，本研究对相关进展进行了全面的综述。

CRISPR/Cas9 技术在当前的作物基因编辑领域占据主导地位，应用前景广阔。但 CRISPR/Cas9 基因编辑系统本身也还存在着一些不足，如 PAM 序列依赖性和脱靶问题。已有一些研究针对这些问题，对 CRISPR/Cas9 基因编辑系统进行改良。如 Hu 等（2018a）通过对 SpCas9 核酸酶进行改进，获得了变体 xCas9，可以识别更广泛的 PAM 序列（NG，NNG，GAA，GAT 和 CAA）；而且，虽然 xCas9 扩大了 PAM 的兼容性，但它的靶标特异性比 SpCas9 却更高，降低了脱靶风险。相较于传统的 CRISPR/Cas9 技术，在此基础上衍生出来的单碱基编辑技术能够在不产生 DNA 双链断裂也不依赖于 DNA 修复的情况下对靶位点处的特定类型碱基进行精准替换，实现了引入或修复单点突变，并降低了因 DNA 双链断裂造成意外突变的风险。但现有单碱基编辑技术的编辑效率还有待提高，脱靶问题也有待进一步解决。此外，基因编辑技术涉及到敏感的转基因问题，基因编辑作物的商业化应用还需相关法规政策和舆论环境的支持和改善。

二、病毒诱导基因沉默在蔬菜作物上应用的研究进展

我国蔬菜产业经过几十年的发展，在产值、出口量等方面均位居农作物首位，已成为中国农民增收、加快农村发展的支柱产业，但仍然存在蔬菜品质弱、产量低等问题。目前急需挖掘与蔬菜作物重要农艺性状相关的基因以培育优异、抗病和具有特色的品种。随着高通量测序技术的发展，越来越多的蔬菜作物全基因组测序已完成，但对于单个基因的功能研究，还需要更有效和可靠

的技术体系。基于植物病毒与其宿主在长期进化过程中形成的共生关系，将外源基因通过病毒载体导入植物体内，可为基因挖掘和基能研究提供技术支持。病毒诱导的基因沉默（virus-induced gene silencing，VIGS）是利用 RNA 介导的植物天然抗病毒机制的一种技术，主要利用遗传免疫方式系统性沉默某一特定基因，再经过表型鉴定和基因表达来确定靶基因在植物生长发育中的作用及对环境变化产生的应激响应。用携带靶基因片段的病毒来侵染植物，植物的遗传免疫系统被激活后，植物体内与靶基因同源的 RNA 被特异性降解，从而发生基因沉默。与传统的转基因、基因敲除、反义抑制等基因功能研究方法相比，VIGS 技术试验周期短，不依赖转基因操作，具有低成本、高通量等优点。近年来，VIGS 技术的建立为蔬菜作物功能基因组学的研究提供了优越的条件，在基因功能的研究中得到了越来越广泛的应用，从而促进了我国蔬菜产业的可持续发展。

（一）VIGS 在茄果类蔬菜作物中的应用研究

蔬菜作物分子学研究领域已进入后基因组时代。应用 VIGS 技术鉴定茄果类蔬菜的基因功能涉及物质合成调控、生物和非生物应激反应等方面。根据国内外近 3 年的最新文献，重点介绍在茄果类蔬菜果实发育、激素调节和植物与病原微生物相互作用及非生物胁迫应答等方面利用 VIGS 技术的研究进展。

1、VIGS 在茄果类蔬菜物质合成调控中的研究应用

糖类的合成与转运在植物新陈代谢与物质循环中起着关键作用，同时也受到多方面的调控。利用 VIGS 技术，目前已经系统研究了茄果类蔬菜中糖类合成途径中的一些关键调控因子的功能。通过基因编辑技术，研究基因表达的激活（activation）和抑制（repressor）。例如在番茄酰基糖代谢中间产物直链脂肪酸（straight-chain fatty acid，SCFA）合成途径 KASII 和 KASIII 功能的研究中，沉默该基因后，SCFA 含量减少了 40%，同时沉默植株中 KASII 和 KASIII 表达量显著降低。那么糖类是如何由新叶向老叶转运呢？最新的一项研究通过 VIGS 技术沉默 SWEET 家族基因 SlSWEET1a 发现，沉默番茄植株的幼叶中己糖积累量减少了 50%，在成熟叶片中增加了 2 倍多，证明 SlSWEET1a 在番茄叶片合成的糖分向幼叶转运的过程中起着关键作用，挖掘出了 SlSWEET1a 一个新的功能，说明基因编辑技术能对家族基因中单个基因准确定位，并进行稳定改造，挖掘其基因功能。

辣椒素是辣椒果实风味品质的重要指标，并且在其生长中起着防虫防病的

自我防御作用。茉莉酸（jasmonic acids，JAs）在调控辣椒素的代谢信号转导中起着非常重要的作用，其调控因子 R2R3-MYB 的转录因子 CaMYB108 主要在辣椒的果实和花中表达，但是 CaMYB108 的下游信号尚未确定。利用 VIGS 技术沉默 CaMYB108 后发现辣椒素生物合成基因 CBGs 表达量降低，辣椒素含量减少，花药开裂延迟，同时花粉活力降低。通过双荧光素酶报告基因检测发现，CaMYB108 靶向启动 CBG。另外，茉莉酸甲酯诱导了 CaMYB108 和 CBGs 的表达，从而证实了 CaMYB108 参与辣椒植株雄蕊的发育以及辣椒素的合成。以上研究都是基于 TRV 载体诱导的 VIGS 方法，而另外一种 ALSV 载体侵染植株后虽然没有明显的外观特征，但其部分基因序列经过改造后也常用于 VIGS 体系的构建。有研究者发现，利用 ALSV 病毒侵染的藜麦叶片摩擦接种到辣椒上的方式并不能实现侵染，但使用 ALSV 病毒浓缩液则侵染成功，且沉默效率达到 90%。在 ALSV 介导的 VIGS 体系中，将氨基酸转移酶基因（pAMT）导入 ALSV 病毒载体的方式成功侵染了辣椒植株，且侵染率在 80%—90%，pAMT 沉默植株的辣椒素含量和辣椒素酯的积累减少。以上研究结果表明，ALSV 病毒能够用于构建 VIGS 体系来研究辣椒素积累的调控机制，从而可以在辣椒育种上通过基因改造来提高辣椒素的含量。

番茄果实中类胡萝卜素的积累受环境和激素的影响较大，在调控番茄果实类胡萝卜素代谢中，螺旋环-螺旋转录因子（Helix-Loop-Helix，SLAR）影响类胡萝卜素的合成。为了挖掘 SLAR 的功能，研究者利用 VIGS 技术沉默普通番茄‘M82’和樱桃番茄‘MicroTom’的 SLAR，发现两个品种具有相同的表型，而且沉默后番茄红素、总类胡萝卜素和叶绿素含量明显减少，验证了 SLAR 直接参与番茄类胡萝卜素的生物合成过程。有研究者利用 CRISPR/Cas9 技术分别以八氢番茄红素合成酶 1（phytoene synthase 1，PSY1）、MYB12 和花色苷 2（Anthocyanin 2，ANT2）为靶位点，成功培育出黄色、粉红色和紫色番茄，但构建载体时需要准确的靶基因序列，且容易脱靶。糖苷生物碱属于有毒物质，存在于许多茄科植物中，其合成受遗传和环境的影响，尤其是光环境。叶绿素和类胡萝卜素的生物合成也依赖光信号转导途径，同时在糖苷生物碱合成过程中具有相同的中间物质。研究者通过 VIGS 沉默 PDS 和镁螯合酶基因 CHLI 与 CHLH，发现沉默茄子叶片中叶绿素和类胡萝卜素含量明显降低，通过高效液相色谱和代谢物全谱分析，发现沉默植株糖苷生物碱含量显著降低，参与糖苷生物碱合成和其他代谢物合成的基因下调表达，而且发现光合色素的积累会影响甾族类糖苷生物碱在茄子叶片中的合成。在茄子果实成熟过程中，查尔酮、花青素等类黄酮物质在其角质层和表皮细胞中有所积累，类黄酮在茄子果实成熟过程中的调控机制和影响因素也利用 VIGS 技术得到了解答。研究者利用 VIGS 技术沉默茄子查尔酮合成酶基因（SmCHS），发现沉默植株茄子果实颜色变浅，花青素含量降低，表皮细胞的大小和形状都发生了变化，且沉默植株茄子果实的向重力性反应减轻，茄子果实弯曲，这一表型不仅说明 CHS 调控茄子果实中类黄酮的积累，还证明了表皮细胞的延展性依赖 CHS 进行表达，从而揭示了 CHS 的新功能。许志茹等 [60] 利用 GATEWAY 技术构建了芜菁（Brassica rapa）二氢黄酮醇 4－还原酶（dihydroflavonol 4-reductase，DFR）基因过表达的 RNAi 载体，为鉴定 DFR 在依光型和非依光型花青素合成过程中的功能研究奠定了基础。同样是色素相关基因功能的研究，VIGS 体系不需要构建植物遗传转化体系，大大缩短了研究进程。生长素作为植物适应环境变化和植物组织代谢的关键激素，其在植物离层区域如何调控植物组织离层尚不清楚。相关研究者对此展开了研究，在对番茄生长素共轭水解酶相关的 5 个基因功能的研究中发现，IAA-Ile 参与生长素共轭水解过程，并作为候选基因存在于离层区。利用环己酰亚胺（cycloheximide，CHX）处理发现从头合成生长素共轭水解酶抑制组织离层。利用 VIGS 技术沉默番茄 SlILL1、SlILL3、SlILL5、SlILL6 和 SlILL7，发现沉默目标基因不会影响其他 SlILL 的表达。同时发现离层区生长素能够在花药离层中发挥作用，是因为受到其浓度的影响，且 SlILR1、SlILL5 和 SlILL6 存在协同作用，而外源使用生长素后植株沉默表型明显减弱。

2、VIGS 在茄果类蔬菜生物胁迫应答机制中的研究应用

番茄卷叶病毒（tomato leaf curl virus，TolCV）侵染番茄后诱导了乙烯反向调控途径信号基因 LeCTR1 的表达。利用 VIGS 技术构建番茄 LeCTR1 沉默植株，发现沉默植株对 TolCV 病毒的抗性增加，卷叶症状减轻，活性氧（reactive oxygen species，ROS）积累显著减少，主要抗病相关基因（NPR1、PR1、PR5、AOS2、EIN2、EIN3 和 ERF5）表达增加，说明沉默 LeCTR1 可以增强番茄对卷叶病的抗性。DEKs 参与植物细胞的增殖、分化、衰老和死亡。利用 VIGS 技术沉默番茄 DEK 后，番茄对葡萄孢菌（Botrytis cinerea）和丁香假单胞菌（Pseudomonas syringae pv. TomatoDC3000，Pst DC3000）的抗病性降低，沉默番茄植株中 ROS 积累增加，而且下调了抗病基因的表达，从而证明了 DEKs 参与番茄抗病的基因功能。细菌性枯萎病是由青枯病菌（Ralstonia solanacearum）引起的，而其在茄子上的致病机理一直不清楚。研究者利用 VIGS 技术来探究

亚精胺合成酶（spermidine synthase，SPDS）在茄子青枯病中的作用机理，发现接种青枯病菌后茄子 SPDS 被诱导表达，亚精胺（Spd）含量增加，尤其是在耐性系植株中更加明显，推断 Spd 在茄子抗青枯病中有着重要的作用。之后又通过酵母单杂和荧光素酶报告基因试验来验证这一推论，发现 R2R3–MYB 转录因子 SmMYB44 确实可以和 SPDS 启动子直接结合而诱导基因表达，进一步通过超表达 SmMYB44 茄子植株证明了抗青枯病的 SmMYB44–SmSPDS–Spd 机制。在辣椒上也利用 VIGS 技术证明了青枯病的防御机制，研究发现 MYB 转录因子 CaPHL8 参与辣椒青枯病的防御，通过氨基酸序列分析表明 PHL8 为 MYB转录因子，接种病菌植株的 CaPHL8 上调表达，而且 GUS 活性检测也证明了这一结论。通过 VIGS 技术证明了 CaPHL8 在辣椒抗青枯病中的作用，而且这个基因在高温高湿条件下也不会诱导表达。在番茄青枯病的研究中，利用 VIGS技术沉默 MTC 关联基因 SAMS2、SAHH1 和 MS1 以及 GABA 生物合成相关基因 GAD2 和 SSADH1，发现高浓度和中浓度侵染的 SAHH1、MS1 和 GAD2 沉默番茄对青枯病的抗性减弱，从而验证了 MTC 和 GABA 生物合成在番茄青枯病中的致病作用。在探索粉孢菌（Oidium neolycopersici）引起番茄白粉病的研究中，利用 VIGS 技术构建了 ShORR–1（solanum habrochaitesoidium resistance required–1）沉默株系，证明 ShORR–1 在番茄抗白粉病中的基因功能。辣椒 CaWRKY45 参与抗病的功能也利用 VIGS 技术得以验证。

　　植物根系分泌物和根结线虫均会引起土壤性状的改变，根结线虫也会侵染植物根系。在最新的一项关于植物、土壤和根结线虫的报道中，研究者利用 VIGS 技术沉默番茄根系 ABC 转运蛋白基因 ABC–C6 和 ABC–G33，其中 ABC–C6 沉默植株抑制结瘤线虫（Meloidogyne spp.）和黄金线虫（Globodera spp.）产卵，ABC–G33 沉默株系只抑制黄金线虫产卵。ABC–C6 沉默植株对土壤农杆菌（Agrobacterium tumefaciens）和枯草芽孢杆菌（Bacillus subtilis）没有抑制作用，但 ABC–G33 沉默植株对枯草芽孢杆菌具有抑制作用，发现 ABC–C6 在生物防治根结线虫上的重要作用，从而证明了 ABC 转运蛋白基因在土壤根系分泌物和线虫之间的关系，为保护植物免受线虫侵染提供了依据。在茄子上的研究发现，核苷酸结合位点富含亮氨酸的重复序列 nucleotide–binding site leucine–richrepeat（NBS–LRR）抗逆基因 SacMi，在接种线虫的植株中该基因表达量上调，沉默 SacMi 植株表现出对线虫的敏感性。

　　3、VIGS 在茄果类蔬菜非生物胁迫应答机制中的研究应用

　　CaWRKY27 能够正调控辣椒植株对细菌性青枯病的抗性，同时负调控植

104

株的耐热性。研究者利用 VIGS 技术沉默 CaWRKY27，发现沉默的辣椒植株对盐胁迫和渗透胁迫抗性显著增强，还发现 CaWRKY27 不仅在辣椒逆境胁迫中是转录激活因子，而且还能编码抗逆境阻遏蛋白。谷胱甘肽转移酶基因（GSTU43）参与了 5- 氨基乙酰丙酸（5-aminolevulinic acid，ALA）诱导的抗氧化胁迫，并调节低温胁迫下叶绿素的合成。利用 VIGS 技术沉默 GSTU43 后，发现沉默植株中谷胱甘肽 S- 转移酶（glutathione S-transferase，GST）、超氧化物歧化酶、过氧化氢酶、抗坏血酸氧化酶和谷胱甘肽还原酶活性降低，膜脂过氧化物含量增加，而外源 ALA 处理后这些指标均恢复，说明 ALA 可引起由 GSTU43 编码的 GST 增加，从而增强番茄对低温引起的氧化胁迫抗性。研究人员在番茄中利用 CRISPR/Cas9 系统构建 CRISPR-BZR1 突变体，证实 BZR1 还通过调节细胞膜受体蛋白激酶 FERONIA 基因（FER）参与番茄的耐热性，但整个番茄植株材料均在 bzr1 突变体的基础上才能完成。

F-box 蛋白、CaDIF1（辣椒干旱诱导 F-box protein1 基因）可以由 ABA、干旱胁迫、H2O2 和 NaCl 胁迫诱导表达，CaDIF1 沉默株系展现出干旱敏感性，而超表达株系展现出 ABA 敏感性和干旱耐性。利用酵母双杂交试验确定了 CaDIS1（辣椒 DIF1-InteractingSKP1）在细胞质和细胞核中与 CaDIF1 存在互作现象。CaDIF1 和 CaDIS1 沉默株系表现出对 ABA 不敏感以及干旱耐性降低，且两种植株叶片气孔变大和蒸腾速率增加，进一步说明 CaDIF1 和 CaDIS1 可互作，并且参与依赖 ABA 信号转导的干旱胁迫抗性过程。研究者也利用 VIGS 技术揭示了 MYB80 参与调控辣椒低温胁迫的机制，发现低温处理下 MYB80 沉默植株抗冷性减弱。

（二）VIGS 在瓜类、叶菜类和豆类蔬菜作物中的应用

瓜类蔬菜有黄瓜、西葫芦、丝瓜、香瓜和西瓜等，VIGS 试验一般使用 ALSV 病毒作为载体侵染葫芦科作物。克隆黄瓜叶片 PDS 和 SU（300 bp），分别构建 ALSV-PDS 和 ALSV-SU 两个载体侵染葫芦科植物的子叶，沉默植株分别表现出光漂白和黄叶表型，说明导入 ALSV-PDS 和 ALSV-SU 载体的植物内源 PDS 和 SU 被沉默，表明 ALSV 介导的 VIGS 体系成功构建。研究者还利用 TRV 介导的 VIGS 技术构建黄瓜 glycerol-3-phosphate 2-O-acyltransferase 6（GPAT6）基因沉默体系，探究 GPAT6 在黄瓜自毒胁迫中的功能，沉默植株表现出对自毒物质肉桂酸的抗性增强。在甜瓜（Cucumis melo var. makuwa Makino）CmLOX10 功能验证中，沉默植株 CmLOX10 表达量下调，pTRV-

CmPDS 沉默植株叶片出现白化现象，绿色荧光蛋白（GFP）检测的结果进一步确认了沉默现象，证明 TRV 病毒诱导的基因沉默体系在甜瓜上构建成功。

芜菁黄化花叶病毒（turnip yellow mosaic virus，TYMV）具有正义 RNA 链，可以侵染许多十字花科植物。例如以白菜（B. rapa ssp. pekinensis cv. Bre）BcPDS 和 BcNRT1 为靶基因，从 BcPDS 和 BcNRT1 中选取合适的 40 bp 序列，反向互补处理后用 T4 连接酶进行连接，分别构建 pTY–BcPDS 和 pTY–BcNRT1 载体。白菜植株被 pTY–BcPDS 侵染可导致白菜中该基因的表达显著降低，沉默效果比较明显；pTY–BcNRT1 侵染白菜植株，显著抑制了 BcNRT1 在转录水平的表达。最近的一项关于白菜包心紧实度受转录辅激活因子 ANGUSTIFOLIA3（AN3）的研究中，也利用 TYMV–VIGS 技术，发现基因沉默的白菜在莲座期和团棵期 AN3 都下调表达，证明基因沉默刺激了白菜叶片包心的形成。

在菠菜雌花发育机制的研究中，通过甜菜曲顶病毒（beet curly top virus，BCTV）诱导的 VIGS 体系，对 DELLA 家族转录因子 SpGAI 在 GA 参与雌花形成中的基因功能得到了验证。沉默 SpGAI 后雌花表现出雄花器官的表型特征，中度表型是发育一个雄蕊代替雌蕊，但仍产生两个萼片；重度表型是发育 4 个萼片 1 个雌蕊和 1 个雄蕊，同时花有 4 个萼片，类似于藜科植物中的完全花。沉默 SpGAI 后雄花发育成野生型雄花，但对外观表型没有影响 [64]。MA 等 [70] 以甘蓝 BoPDS 为靶基因，利用 CRISPR/Cas9 系统实现甘蓝基因组的精准编辑，主要是依赖单链向导 RNA 表达基因来完成突变体的构建，与 VIGS 技术相比，构建程序复杂，且目标基因在核苷酸预期位置容易缺失。在研究叶用莴苣热胁迫下 Hsp70 表达量和形态变化时，研究者构建 pTRV–LsHsp702711 沉默体系，发现未进行胁迫处理的沉默植株 LsHsp70–2711 表达量下降，茎明显伸长，热胁迫和干旱处理后的沉默植株 LsHsp70–2711 表达量显著低于对照植株，且高温胁迫对 sHsp70–2711 的影响大于干旱胁迫。

CONSTANTIN 等 [71] 利用豌豆早枯病毒（pea earlybrowning virus，PEBV）研发了一套有效的 VIGS 体系，使得在豌豆中利用反向遗传学方法研究基因功能成为可能。在研究 ROS、Ca2+ 参与豌豆叶绿素合成的研究中，利用 VIGS 技术构建了叶绿素合成关键基因 CHLI 沉默体系，采用组织化学和荧光染色试验发现沉默豌豆植株中 ROS 和胞间游离 Ca2+ 增多，且豌豆发黄叶片中产生超氧阴离子和过氧化氢。研究者还利用 VIGS 技术沉默了豌豆质膜水通道蛋白基因 PsPIP2;1，发现沉默植株的叶片和根系中 PsPIP2;1 下调表达，从而证明豌豆叶片和根系水分运输中 PsPIP2;1 对水通道蛋白具有调节作用。ZHANG 等利用菜豆荚斑驳病毒（bean pod mottle virus, BPMV）在大豆上成功建立了 VIGS 体系，且该病毒载体能够应用于大豆、菜豆等豆类蔬菜上，改造后拓展了 BPMV 病毒的宿主范围。

三、基因编辑技术在其他农作物育种中的研究成果

在水稻方面，中科院亚热带农业生态研究所、湖南杂交水稻研究中心，以及华中农业大学等单位合作，成功克隆了一个水稻耐寒基因，研究人员利用对寒冷敏感的籼稻品种"特青"和耐寒的温带粳稻品种"02428"所构建的重组自交系群体，获得了一个耐寒基因 QTL-HAN1，利用基因编辑手段敲除 HAN1 基因后成功提高了受体的耐寒性。HAN1 基因的克隆、功能和自然变异研究有助于理解粳稻在向北扩展和驯化的过程中对寒冷环境的适应机制，更为提高水稻的耐寒性提供了有效的途径。该研究成果于 2019 年 2 月 11 日在 PNAS 上在线发表。

2019 年 11 月，2019 中国农业农村科技发展高峰论坛发布了《2019 中国农业科学重大进展》，其中就包括发现了水稻自私基因。该研究由中国农科院作物科学研究所万建民团队和南京农业大学等单位主导，通过图位克隆、分子遗传学方法和基因编辑技术，发现了控制水稻杂种育性的是自私基因，阐明了籼粳杂交一代不育的本质，为创制广亲和水稻新种质、有效利用籼粳交杂种优势提供了理论和材料基础。

福建农科院王锋团队和厦门大学陈亮团队利用 CRISPR/Cas9 基因编辑技术成功培育出了富含原花青素和花青素的红稻，研究人员选取了 3 个白色籽粒栽培稻作为改良对象，包括粳稻品种秀水 134、籼稻恢复系蜀恢 143 和籼稻光温敏核不育系智农 S，利用 CRISPR/Cas9 基因编辑技术将原本移码突变的 rc 位点转换成了正常编码的 Rc 基因，为培育富含原花青素和花青素的红稻品种提供了新的方法。该研究成果已于 2019 年 4 月 Plant Biotechnology Journal 上在线发表。

2020 年 5 月，中国科学家团队在《自然·通讯》上在线发表了一项研究成果，系首次破译同源四倍体紫花苜蓿基因组并建立基因编辑育种体系。研究人员解析了我国地方特有品种"新疆大叶"紫花苜蓿的四倍体基因组，成功将四倍体基因组组装到 32 条染色体上。在此基础上，进一步开发出了基于 CRISPR/Cas9 的高效基因编辑技术体系，成功培育出一批多叶型紫花苜蓿新材

料，其杂交后代表现出稳定的多叶型性状且不含转基因标记。

在其他植物品种方面，华中农业大学邓秀新和徐强团队完成了对金柑（Fortunella hindsii）的基因组测序和基因编辑应用，认为金柑可作为柑橘遗传学和基因功能研究的模式材料，研究人员总结了近 10 年来对金柑这一中国特有柑橘种质资源的系统性收集、评价和利用，通过连续自交，获得了一 373Mb 的金柑参考基因组。同时，研究人员首次在金柑上验证了 CRISPR/Cas9 基因编辑系统，为柑橘的遗传改良和育种奠定了坚实的材料基础。该研究成果已于 2019 年 4 月在 Plant Biotechnology Journal 上在线发表。

2020 年 8 月，中国和荷兰科学家团队在《新植物学家》上在线发表了一篇关于合作研究发现基因编辑技术可从植物和微生物两方面进行植物性状遗传改良，研究人员通过基因编辑技术改变植物乙烯合成基因 ETO1 或微生物基因 acdS，实现了相同的植物表型，即乙烯合成量增加和微营养素含量增加。研究结果表明，相似的植物表型可以由植物相关微生物的特定突变或植物基因组的改变产生。因此，在应用植物全基因组定向编辑技术改良植物性状的应用中，应综合考虑植物和微生物的特性以及相互作用，来培育更好的作物。

借助芸薹属蔬菜基因组信息和高通量测序技术等，茎瘤芥 QTL 定位、功能基因克隆、基因组学等研究领域取得了不少进展。通过高通量测序技术和高密度遗传图谱，开展了芥菜基因组学研究，绘制了茎瘤芥的高质量基因组图谱，为茎瘤芥遗传改良和分子育种打下了基础。在茎瘤芥中开发了基于 PCR 的 SV 标记，并在构建的 6 条连锁群上检测到 2 个与茎膨大相关的 QTL 位点。利用茎瘤芥转录组序列，通过 EST–SSR 分子标记构建包含 17 个连锁群的遗传图谱，并检测到 4 个控制茎质量的 QTL 位点。杨景华利用同源序列法克隆了榨菜 CMS 的不育基因 orf220，同时通过转基因验证其功能。利用 AFLP 和 RACE 方法，克隆了茎瘤芥不同发育时期表达的差异基因 orf451，推测 orf451 参与了瘤状茎中皮层的多聚糖水解进而影响其膨大过程。Cao 等通过 cDNA–AFLP 分析，发现受光照和温度调节的基因 BjAPY2，并发现其可能在瘤状茎膨大过程中起重要作用。Shi 等发现视网膜神经胶质瘤易感基因 BjuB.RBR.b 和 BjuA.RBR.b，认为它们可能与瘤状茎膨大相关；并发现在茎瘤芥瘤状茎细胞膨大，特别是髓细胞的膨大中可能起重要作用的基因 BjXTH1 和 BjXTH2。董丽丽、Sun 等也对茎瘤芥茎膨大的分子机制进行了研究，克隆了茎瘤芥膨大相关基因。

随着越来越多的中药材全基因组序列被发布，药材"优形、优质"特征形成机制及其关键基因被解析，目标性状关键基因标记定位也逐步明确，使得中药材品种选育中可以针对目标性状进行准确的设计，即通过聚合优异等位基因，大幅提高育种效率。如可利用 GWAS 等方法鉴定中药材"优形、优质"特征的关键基因，然后再结合表型组、代谢组学分析结果，筛选关键基因特异表达株系作为候选品系进行新品种选育。GUO C 在获得薏苡全基因组草图的基础上，构建了遗传连锁图谱，并检测到了和种壳抗压性相关的 QTL（Ccph1，Ccph2），2 个基因协调调控种壳抗压性；并且基因 Ccph1 控制种壳厚度，Ccph2 控制种壳颜色，为进一步开展"纸壳"分子设计育种奠定基础。

第三节　现代分子设计育种助力农业提质增效

大豆、棉花、油菜、蔬菜等主要经济作物是我国农业增效农民增收的主要来源，是社会经济的重要组成和命脉，与人们的生活和健康息息相关，也为工业提供了天然原料。尤其是蔬菜、油料、棉花的持续供应和长足发展，关乎国际贸易、经济发展、社会稳定，也是当代人们健康的重要保障。据农业农村部扶贫办调度数据，2019 年，832 个贫困县蔬菜种植面积为 2668.9 万亩，总产量为 16349 万吨，实现销售额 1062.9 亿元，带动贫困人口 258.7 万人。据中国农科院数据，2020 年，经济与园艺作物种植面积约 6.6 亿亩，总产值 4.09 万亿元，占种植业总产值的 79.9%。

显而易见，经济作物品种的发展水平直接关系到我国农业相关产业发展的质量、速度和效益，提升经济作物育种技术水平和创新能力的重要性不言而喻。

一、现代分子设计育种助力大豆逆势增产

大豆是重要的油料和蛋白饲料作物之一。我国的大豆消费需求包括食用大豆和压榨（油用及饲用）大豆两大类。"十三五"期间，我国食用大豆年均消费量约为 1600 万吨，压榨大豆均消费量为 9000 万吨，大豆年均消费总量超过 1 亿吨，比"十二五"期间增长 30%，预计"十四五"期间我国大豆年均消费量将在 1.2 亿吨左右。

2020 年，我国大豆平均亩产 132.4 公斤，比 2016 年提高 11%。中国工程院院士、中国农业科学院副院长万建民表示，在主产区立地条件欠佳的不利形势下，大豆亩产水平的

提高，得益于育种科技的进步。我国大豆种植主要分布于黑龙江、安徽、内蒙古、吉林、河南等省份，近年来国内大豆平均亩产有一定提高，但仍处于较低水平，大豆种植综合收益不佳。"十三五"期间，大豆新品种的培育从以产量为核心向优质专用、抗病抗逆、资源高效、管理轻简化的多元化方向发展，以满足不同大豆生态区对品种的个性化需求。

随着种植结构调整及"大豆振兴计划"的实施，近年来我国大豆实现稳定增产。北京大北农生物技术公司南美业务负责人于彩虹表示，面对大豆消费需求的不断增长，我国大豆总产量还需提高。我国生物育种技术自主培育的大豆品种也开始大范围推广，并逐渐走向国际。

于彩虹介绍说，由于大豆种植效益偏低，国内相当一部分大豆生产用地属于营养水分失衡的非优耕地，干旱、涝害、土壤盐碱化等非生物胁迫因素严重制约了优良大豆品种的产量潜力发挥。传统大豆育种方法主要依赖于表型选择，效率较低，而生物育种技术能够显著提升大豆性状改良与品种创新效率，有助于高效培育具备综合抗逆性的环境友好型品种。因此，大豆生物育种策略的关键是，挖掘大豆育种关键基因，改良和创制优异的育种基础材料，构建分子育种平台，发展智能设计育种。

于彩虹举例说，大豆是光周期敏感的短日照作物。大豆对光周期的反应通常影响着成熟期的长短，从而影响产量。具体表现为同一品种在高纬度地区光照时间长、开花晚、成熟晚、产量高；而在低纬度地区光照时间短，则开花期提前，成熟较早，产量低。历史上大豆驯化与选育主要在中高纬度地区完成，而低纬度地区则长期被认为不适于大豆的种植及生产。大豆长童期性状在 20 世纪 70 年代被发现，并成功应用于低纬度地区大豆育种。20 世纪 90 年代，研究发现 J 是控制大豆长童期性状的关键位点，然而其编码基因和分子调控机制一直未明确。

2016 年，华南农业大学年海课题组和中国农业科学院作物科学研究所韩天富课题组在《分子植物》上发表论文，阐述了研究者们寻找了半个多世纪的大豆长童期基因 J，并揭示了 J 来自中国、美国和巴西等不同品种大豆各生育期的分布规律；2017 年和 2020 年，广州大学教授孔凡江、刘宝辉团队及其合作者团队先后在《自然·遗传学》杂志上发表两篇论文，报道了大豆长童期关

键基因 J 的克隆及进化机制研究成果，揭示了大豆光周期调控开花的分子调控网络，系统阐释了大豆中高纬度适应的多基因进化机制。

长童期基因 J 可以作为改良大豆短日照高温适应能力的分子靶点。大豆具有了长童期性状就可在短日照条件下，延长成熟期并提高产量。研究发现，长童期基因 J 促进了光周期开花，且该基因突变型可推迟低纬度短日照条件下大豆开花时间，使大豆产量比野生型提高 30%—50%。此外，长童期基因 J 上至少存在着 8 种功能缺失型等位变异位点，在育种中导入相关位点有助大豆品种在我国南方低纬度地区大面积推广和种植，缩小大豆种植的地区差距。

长童期性状在育种上的发现与应用，使得大豆的种植在低纬度地区快速扩展，从而使巴西等地迅速成长为世界上主要的大豆生产国与出口国，显著改变了世界大豆的生产形势。

高质量参考基因组是作物育种基础研究和应用研究的基础。我国科学家曾经成功对大豆品种"中黄 13"参考基因组进行了组装和注释，然而不同大豆种质资源之间存在较大的遗传变异，单一或少数基因组不能代表大豆群体的所有遗传变异，大豆分子设计育种亟须能够代表不同大豆种质材料的全新基因组资源。

2020 年，中国科学院田志喜、梁承志、韩斌等研究者通过全基因组重测序对全球 2898 份具有遗传多样性的大豆种质材料进行分析和鉴定，进而构建了世界首个大豆泛基因组。本次泛基因组研究所选用的大豆种质材料具有重要的育种和生产价值，其中"满仓金""十胜长叶"等种质材料作为骨干核心亲本已各自培育出"黑河 43""齐黄 34"等上百个优良新品种，这些品种被各个大豆主产区大面积推广种植。

据于彩虹介绍，分子标记辅助选择、全基因组选择等是分子育种的代表性技术，其旨在对大豆内源基因进行聚合或修饰，赋予大豆新的性状，而这些育种技术的应用都依赖于对大豆功能基因组的深入研究和全面了解。因此，大豆泛基因组和相关自然群体遗传变异的发布为大豆育种技术研究提供了重要的资源和平台，也为推进大豆分子设计育种、提升大豆产量奠定了基础。

此外，"十三五"期间，国内科研院所还通过全基因组关联分析、连锁分析、基因组重测序等分子手段，鉴定克隆了一系列与大豆产量、品质、抗逆性、生育期等重要性状相关的关键基因，解析了一批新基因的功能和重要性状形成的分子机制，构建了大豆分子育种平台。

随着大垄密植、浅埋滴管、免耕覆秸等技术模式的不断成熟，良种良法结合，刷新了小面积高产纪录，创造了大面积高产典型。万建民介绍说，比如，"中黄 37"蛋白质含量高、籽粒大，成为黄淮海地区主栽品种之一；"中黄 30"抗旱耐阴，成为西北地区主栽品种；"中黄 901"早熟高产，抗大豆灰斑病，适宜东北北部种植；"中黄 39"适宜种植区域从北纬 20 度到 40 度，是我国种植区域纬度跨度最大的大豆品种。

二、现代分子育种设计提升长绒棉产量质量

作为纺织工业的主要原材料之一，棉花是关系国计民生的重要战略物资，在国民经济中占有重要地位。中国是全球主要的棉花生产国和消费国，总产量和单产均居世界首位。

我国棉花产业链涉及棉花加工、流通、纺织、印染、服装、出口等多个行业。而追溯到这些行业的源头，都离不开一粒小小的棉种。棉种质量的好坏直接影响和决定着春播能否实现一播全苗。

作为世界上栽培棉种中最为广泛的两类栽培棉种，陆地棉产量高、适应性广，占世界棉花总产量 90% 以上；海岛棉产量低，但纤维具有长、强、细的特性，使得织出来的布料顺滑有光泽、韧性十足、悬垂感强，是纺织纤维的上上品，价格不菲。

由于海岛棉产出的棉纤维细长、坚韧，又被称为长绒棉，是业界公认的"棉中极品"。"但长绒棉生长需要的热量大、周期长，在热量条件相同的情况下，长绒棉的生长期比陆地棉长 10—15 天。"湖南省棉花科学研究所副研究员陈浩东介绍说，由于对种植环境要求更高，我国海岛棉仅在新疆南疆零星种植，因适应性普遍较差，难以大面积推广应用。

长绒棉由于日照时间长，因而成熟度高，棉绒长，手感好，品质远优于普通棉，相对一般陆地棉纤维而言，商业价值也更高。虽然我国棉花产量位居世界前列，但我国棉花生产也面临瓶颈，棉类型单一、纤维品质和纤维强度偏低等问题突出。

随着人民生活水平的日益提高和现代化纺纱技术的高速发展，国内国际市场对长绒棉的需求量将不断增加。陈浩东表示，近年来，我国用于生产长绒棉的海岛棉年产量仅 4 万吨左右，而年需求量在 16 万吨上下。长绒棉的短缺困扰着我国优质棉产业的健康可持续发展。

陈浩东说，业界普遍认为，只有海岛棉才能产出长绒棉。一直以来，他们都想解析陆地棉和海岛棉在产量、适应性和品质等方面差异的原因，并试

图将二者优势结合起来，选育产量高、适应性广、纤维品质达到长绒棉标准的陆地棉新品种。陆地棉和海岛棉最显著的区别之一，就是纤维长度。35 毫米是个坎儿，大多数陆地棉品种很难达到这个标准。另外，纤维越细长，对韧性越是考验。强度上不去，也很难应用于生产。在育种过程中，棉丝变细强度往往会降低，在纺织过程中容易拉断，只有同时具备长、细、强这三点，才可以纺织出高质量纱线，达到 80 支以上的高支棉就往往会有一种丝绸般的触感。

在育种过程中陈浩东又发现，有时候品质提升了，产量又下去了。育种过程中，此消彼长的矛盾如何调和？"种植条件的改善很难突破这道坎儿，只能靠遗传因素来改变"。

功夫不负有心人。通过构建超大分离群体，多次回交、混交及自交，陈浩东团队克服了远缘杂交疯狂分离的难题，并经过混生病圃的强化筛选，最终培育出陆地棉新品种"湘 C176"。打破了棉花育种史上长期难以打破的产量性状和品质性状的遗传负相关，实现了高产、优质、抗病的综合优势，单铃重达到 5.8 克，衣分 41.4%，纤维上半部平均长度 35.4 毫米，断裂比强度 36.5cN/tex，耐枯、黄萎病。

棉花品种质量好坏，直接影响农户种植效益。据陈浩东介绍，纺织企业来地头收棉花时，纤维长度大于 30 毫米的棉絮中，纤维每长一毫米，每吨收购价就能高 200 元钱。当纤维长度达到 35 毫米以上，回收价会直接跳升一个档，达到一吨增加 8000 元左右，价格可增长近二分之一。

目前，"湘 C176"已在长江、黄河流域进行过示范种植，长势良好。不光适应性广，"湘 C176"的衣分更是达到了 42%。一般品种平均在 40% 左右，衣分越高，轧花厂就愿意收，收购价格越高。陈浩东算了一笔账：一亩地一般品种产量在五六百斤，亩收益通常在 1500—1800 元左右。"湘 C176"常规种产量与杂交种产量相当，增值效应将主要来自于衣分和品质，凭借品种优势，"湘 C176"至少能让农户效益提升三分之一左右。

去年，"湘 C176"通过了湖南省审定，这意味着原来仅能通过产量低、种植区域极小的海岛棉品种生产的纺高支纱原棉，今后也可通过产量高、适应性广的陆地棉进行生产，陆地棉终于成功逆袭。

2020 年，湖南棉花科学研究所与新疆国欣种业有限公司、湖南安乡县农业局经作站合作，在新疆、安乡等地建立了 5 个"湘 C176 生产示范基地"进行示范推广，受到了农户、加工厂和企业的广泛认可。

据介绍，明年"湘 C176"将进行商业化开发，以订单生产模式进行推广种植，该品种的推广应用将进一步满足我国纺织产业对长绒棉的供应需求，有望改变我国纺高支纱优质原棉主要靠国外进口的局面，助力我国纺织产业提质升级。

第七章　中国作物分子设计育种的发展趋势与挑战对策

第一节 中国作物分子设计育种的发展与趋势

一、中国作物分子设计育种的发展

（一）遗传研究材料更加丰富多样、重要性状的遗传研究日趋深入

随着新的遗传分析方法的建立，中国已在大多数作物中创制出类型多样的遗传研究群体，已对大多数育种性状开展 QTL 定位、基因精细定位和克隆研究。

QTL 作图是基因精细定位、克隆以及有效开展分子育种的基础，目前已成为数量性状遗传研究的主流方法。QTL 作图常用的作图群体回交、F2、加倍单倍体、重组近交系等，由于分离位点和分离染色体区域较多，难以排除 QTLs 间的相互影响，不能准确估计 QTL 的位置和效应，也难以研究不同 QTLs 间的互作。而置换系与背景亲本的杂交后代仅在少部分基因组区段上分离，有利于基因的精细定位和克隆，目前大部分已克隆的数量性状基因都是通过构建置换系实现的，单片段和双片段置换系的结合又是研究基因间互作的理想材料，因此置换系的创制和利用得到了越来越多的重视。中国已建立了多套染色体片段置换系群体，这些纯合的置换系与背景亲本再杂交，就能产生杂合染色体片段置换系，从而可以研究杂合基因型效应。虽然这些材料的产生过程耗时很长、花费也很大，但一旦产生出来就是准确研究基因间互作的理想遗传材料，同时可以确证从其他作图群体中检测到的 QTL 的真实性。当然，突变体和近等基因系也是较理想的遗传研究材料，适宜基因的精细定位、克隆和功能验证。

（二）育种模拟工具日益成熟并在育种中应用

目标基因型的预测、育种方法的优化须借助适当的模拟工具，其中 QuLine 是国际上首个可以模拟复杂遗传模型和育种过程的计算机软件。QuLine 可模拟的育种方法包括系谱法、混合法、回交育种、一粒传、加倍单倍体、标记辅助选择以及各种改良育种方法的组合；可模拟的种子繁殖类型包括以下 9 种，即无性系繁殖、加倍单倍体、自交、单交、回交、顶交（或三交）、双交、随机交配和排除自交的随机交配，通过定义种子繁殖类型这一参数，可以模拟自花授粉作物的大多数繁殖方式和杂交方式。目前 QuLine 已应用于比较不同育种

方法、研究显性和上位性选择效应、利用已知基因信息预测杂交后代的表型以及优化分子标记辅助选择过程等。在 QuLine 的基础上，近年又研制出了杂交种选育模拟工具 QuHybrid 和标记辅助轮回选择模拟工具 QuMARS。其中，QuHybrid 可对杂交种育种策略的模拟和优化、不同杂交种育种方案的比较起一定作用；QuMARS 可回答轮回选择与标记辅助选择的结合过程中遇到的一些问题，如利用多少标记对数量性状进行选择，轮回选择过程中适宜的群体大小，轮回选择经历多少个周期就可以停止，等等。这些模拟工具为把大量基因和遗传信息有效应用于育种提供了可能，通过这些模拟工具，可以预测符合各种育种目标的最佳基因型、模拟和优化各种育种方案、预测不同杂交组合的育种功效，最终提出高效的分子设计育种方案。

　　育种模拟工具可以克服田间试验耗时长、难以重复的局限性，能够通过大量模拟试验全面比较不同育种方法的育种成效。改良系谱法和选择混合法是纯系品种选育过程中经常采用的两种育种方法。模拟试验表明，经过一个育种周期后，改良系谱法能够把群体的产量基因型值提高到 55.83%，选择混合法能够把群体的产量基因型值提高到 56.02%。从产量性状的遗传增益上看，选择混合育种方法要略优于改良系谱育种方法。两种方法在 F1 代的杂交数均为 1 000，F1 代选择后淘汰约 30% 的组合，经过 10 个世代的选择后，在中选的 258 个近交系中，改良系谱法平均保留了 118 个杂交组合，而选择混合法平均保留了 148 个组合。较多的组合数意味着较高的遗传多样性，因此从中选群体的遗传多样性上看，选择混合育种方法要明显优于改良系谱育种方法。从两种方法分别产生的家系数和种植的单株数来看，从 F1 至 F8，选择混合育种方法产生的家系数只是改良系谱育种方法的 40%，选择混合育种方法种植的植株数只是改良系谱育种方法的 2/3，因此选择混合育种方法会花费较少的劳力、占用较少的土地资源。也就是说，从经济角度来看，选择混合育种方法明显优于改良系谱育种方法。

　　回交育种是转育基因的有效方法。随着育种工作的开展，供体亲本的适应性在不断提高，除轮回亲本中欠缺的基因外，还可能携带有利的产量和适应性基因，而回交次数越多，供体亲本中的有利基因丢失的可能性越大，因此回交多少次能够将供体亲本的优良基因导入轮回群本、同时进一步改良轮回亲本的适应性是育种家关心的问题。假定育种目标为导入轮回亲本中的优良供体性状并同时改良或至少不降低轮回亲本的适应性，模拟试验表明：当控制优良供体性状的基因多于 3 个，供体亲本的适应性很低时，采用 2 次回交；当控制优良供体性状的基因多于 3 个，供体亲本也有一定的适应性时，采用 1 次回交；当控制优良供体性状的基因等于或少于 3 个，采用 2 次回交。在大多数情况下，3 次回交和 2 次回交在改良适应性上无明显差别，但回交次数越多，丢失优良供体性状基因的可能性就越大。因此，如果没有分子标记可以用来追踪供体的多个待导入基因，就没有必要回交 2 次以上。这样的回交不仅能够改良轮回亲本中的少数不良性状，还能通过超亲分离进一步改良轮回亲本中的优良性状，培养适应性和产量比轮回亲本更高的品种。

（三）开展分子设计育种、建立设计育种技术体系

万建民和 Wang 等利用粳稻品种 Asominori 为背景、籼稻品种 IR24 为供体的 65 个染色体片段置换系（CSSLs）开展水稻粒长和粒宽性状的 QTL 分析，根据 QTL 分析结果设计出大粒目标基因型，并提出实现目标基因型的最佳育种方案；随后开展分子设计育种，于 2008 年选育出了携带籼稻基因组片段的大粒（长 × 宽 > 8.5 mm × 3.2 mm）粳稻材料。万建民进一步提出超级稻育种目标，即构建理想株型，利用籼粳亚种间杂种优势，寻求水稻单产、品质和适应性的新突破，同时指出将分子设计育种的知识和手段应用于超级稻育种，以在尽可能短的时间里培育出更多、更好的超级稻品种或杂交组合。

Wang 等利用前面的 CSSLs 群体在 8 个环境下的表型测定数据开展水稻籽粒品质性状的 QTL 分析，在 2.0 的 LOD 临界值下，发现有 16 个染色体片段在不同环境下影响垩白大小、15 个染色体片段影响直链淀粉含量，根据这些片段在不同环境下的遗传效应，确定了 9 个具有稳定表达和育种价值的染色体片段，设计出了满足多种品质指标的育种目标基因型；随后开展分子设计育种，于 2009 年选育出了低垩白率（<10%）、中等直链淀粉含量（15% ～ 20%）等综合品质性状优良的水稻自交系。Zhang 指出，以往的大量研究已发现水稻抗病虫、氮和磷高效利用、抗旱和高产等种质材料，已分离并鉴定出控制这些性状的重要基因，目前正通过标记辅助选择或遗传转化等手段逐步将这些优良基因导入优异品种的遗传背景。在此基础上，Zhang 进一步提出"绿色超级稻"这一概念和育种目标，即培育具有抗多种病虫害、高养分利用效率、抗旱等特性，同时产量和品质又得到了进一步改良的水稻品种，以大幅度减少农药、化肥和水资源的消耗，最后还设计了实现"绿色超级稻"这一目标的育种策略。

植物育种其实就是不断地聚合存在于不同亲本材料中的有利等位基因的过程。Wang 等设计了聚合 9 个主效基因的小麦理想基因型和育种方案，9 个主基因目前均有完全或紧密连锁的分子标记供育种家使用。等位基因 *Rht-B1b* 和

Rht-D1b 能够降低小麦株高，在"绿色革命"中曾发挥重要作用，但这 2 个矮秆基因同时会降低小麦胚芽鞘长度，不利于干旱条件下小麦根系的发育；矮秆基因 *Rht8* 能够降低小麦株高但不影响小麦胚芽鞘的生长；*Sr2* 抗小麦秆锈病；*Cre1* 和 *VPM* 抗小麦线虫病；*Glu-B1i* 和 *Glu-A3b* 可以改良小麦面团品质；*tin* 基因则能够降低小麦无效分蘖数。位点 Glu-A3 和 tin 同在小麦 1A 染色体短臂上，遗传距离为 3.8 cm。这些优良等位基因分布在 3 个不同的小麦品种中，根据干旱条件下的育种目标，确定目标基因型应具备半矮秆（抗倒伏）、长胚芽鞘（根系发达）、抗多种病害、籽粒品质优良、无效分蘖少等优良性状。目标基因型在分离世代早期的频率极低（不到百万分之一），因此即使每个基因都有标记，也难以在早代选择到理想的目标基因型。

　　通过大量选择方案的模拟比较，找到了一个多步骤选择策略，步骤如下。步骤 1：在三交 F1 代，选择在 Rht-B1 和 Glu-B1 位点上基因型纯合的个体，同时选择 Rht8、Cre1 和 tin 位点上至少包含一个有利等位基因的后代个体（这种选择称为强化选择）；步骤 2：在三交 F2 代，选择 Rht8 为纯合型的个体，同时强化选择其他未纯合的基因位点；步骤 3：在育种材料近于纯合的高世代，借助分子标记选出目标基因型。如果采用上述的多步骤选择策略，大约在 600 个个体中就能选出 1 个目标基因型；如果等到育种材料近于纯合时再进行选择，大约在 3 500 个个体中才能选出 1 个目标基因型，因此模拟优化研究后提出的多步骤选择策略更为有效、可行。在多个主基因分子标记聚合育种方法的基础上，Wang 等设计了聚合主效基因和微效基因的育种模拟试验，对如何利用标记辅助选择、表型选择和联合标记辅助进行了系统研究。

　　抽穗期是与水稻品种适应性密切相关的一个重要农艺性状。Wei 等利用已知抽穗期基因测验种间的杂交，鉴定出了 109 个中国主栽水稻在主要抽穗期基因位点上的等位基因构成，然后利用粳稻品种 Asominori 和籼稻品种 IR24 杂交产生的重组近交系在第 2、第 3、第 6 和第 8 染色体上定位到 4 个能够在 5 个年份和多地点都稳定表达的 QTL，根据这些遗传信息推断出：如果把光敏感位点上的等位基因 Se-1n 替换为等位基因 Se-1e 就能解决籼粳杂交水稻的晚熟问题，在此基础上，研究人员设计了一个常规和分子标记辅助相结合的育种策略，并利用这一设计育种方案选育出了生育期适中的籼粳杂交水稻品种。育性不完全是籼粳杂种优势利用面临的又一重要问题。遗传研究表明，杂种不育是由少数位点上等位基因间的互作引起的，利用适当的等位基因组合就能克服籼粳杂种的不育。Chen 等设计了一个标记辅助回交育种策略，将籼稻品种轮回

422S 中的光敏雄性不育基因导入优良粳稻品种珍稻 88。选择过程中，利用微卫星标记 RM276、RM455、RM141 和 RM185 分别追踪轮回 422S 中的光敏雄性不育基因 S5、S8、S7 和 S9，最终选出具有光敏雄性不育基因且表型类似粳稻的育种材料 509S。基因型鉴定表明，509S 携带 92% 的粳稻基因组，为籼粳杂种优势的有效利用提供了重要的遗传材料。

在开展作物分子设计育种实践的同时，分子设计育种的内涵进一步明确，分子设计育种技术体系初步建立。首先，分子设计育种的前提就是发掘控制育种性状的基因、明确不同等位基因的表型效应、明确基因与基因以及基因与环境之间的相互关系；其次，在 QTL 定位和各种遗传研究的基础上，利用已经鉴定出的各种重要育种性状基因的信息，包括基因在染色体上的位置、遗传效应、基因之间的互作、基因与背景亲本和环境之间的互作等，模拟预测各种可能基因型的表现型，从中选择符合特定育种目标的基因型；最后，分析达到目标基因型的途径，制定生产品种的育种方案，利用设计育种方案开展育种工作，培育优良品种。作物分子设计育种流程如图 7-2 所示。

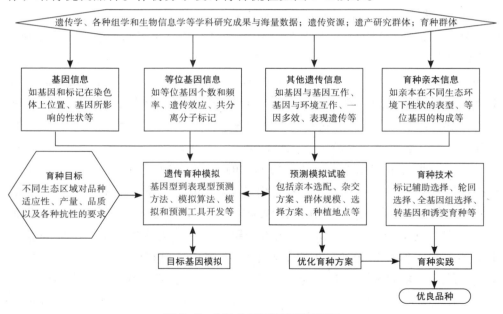

图 7-2　作物分子设计育种流程图

二、现代分子设计育种的发展趋势

（一）重视新型遗传交配设计及其分析方法研究

由于研究目标不同，遗传群体和育种群体间有很大差异（图7-3），其中遗传群体一般选择具有某些优良性状的亲本和不具备这些优良性状的少量亲本进行杂交，群体产生过程中要尽量排除选择和遗传漂变等因素的影响；而育种群体一般选择同时具有多种优良性状的大量亲本进行杂交（即优×优），期望通过性状（基因）互补和超亲分离产生更加优良的后代，后代材料会经历较强的人工和自然选择。因此，在以往的研究中，遗传群体适用于遗传研究，如QTL定位、基因间互作以及基因和环境互作等，但这些群体的育种价值有限；而育种群体有较大的实用价值，却难以开展遗传研究。从而遗传研究的结果就往往得不到育种家的认可或难以在育种中发挥应有的作用。因此，有必要研究新的包含多亲本的遗传交配设计，以期创造出既有育种价值又适用于遗传研究的群体，即图7-3中的理想群体。这样的群体同时具有遗传和育种价值，将更好地实现遗传研究和育种实践的结合。国外已开始在这方面做研究，如图7-3中的NAM群体和MAGIC群体就是近几年根据新型遗传交配设计创造出的适宜遗传研究同时又具有较高育种价值的群体。

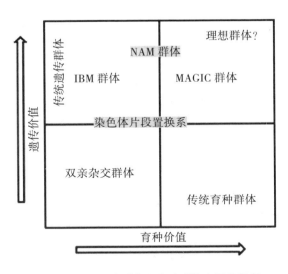

图7-3　遗传研究群体和育种群体之间的关系

图中给出了几种群体大致的育种和遗传价值，其中NAM（Nested

Association Mapping）群体由 Cornell 大学创制，采用 25 玉米自交系和一个共同亲本 B73 杂交，然后产生 5 000 个重组近交系；IBM 群体以著名玉米自交系 B73 为母本、Mo17 为父本杂交，自 F2 代开始随机交配 4 个世代后自交产生重组近交系；MAGIC（Multiparent Advanced Generation Inter-Crossing）群体利用 8 个亲本成对杂交，然后互交，再随机交配，最后自交产生重组近交系。

（二）利用分子标记追踪目标基因、评估轮回亲本恢复程度、改良多基因控制的数量性状

利用分子标记可以有效追踪目标基因和确定轮回亲本的恢复程度。Hospital 等利用 BC_6 群体首次研究了标记密度对轮回亲本基因组恢复度的影响，并指出每 100 cm 有 2 ~ 3 个标记就足以控制轮回亲本的遗传背景。Frisch 等研究了不同标记辅助回交育种策略下导入供体亲本中的一个和两个基因所需要的标记数，建议用较小的群体来产生 BC_1 代，而在随后的高世代回交中扩大群体规模。Frisch 和 Melchinger 提出了回交育种中如何预测选择响应，如何选择育种潜力高的个体进行下一代回交或自交等一般理论。Prigge 等研究了随着回交世代的递进逐步加密分子标记对不同回交策略下所需标记数和轮回亲本基因组恢复率的影响，并提出了轮回亲本基因组恢复率达到 93% ~ 98% 所需标记最少的最优育种策略。

轮回选择是进行群体改良的一种重要育种方法，广泛应用于数量性状基因的改良。它以遗传基础丰富的群体为基础，经过周期性异交和选择，不断打破基因间的不利连锁，聚合不同位点上的有利基因。分子标记辅助轮回选择（MARS）是指在双亲产生的 F2 或加倍单倍体群体中利用表型（既可以是自身表现，也可以是测交后代表现）与基因型，通过 QTL 作图选择显著性的标记，预测其效应，进行分子标记辅助选择，在接下来的 2 ~ 4 个世代中仅利用预测的标记效应来选择优良单株并随机交配开展群体改良。一般认为，MARS 对于由较少基因控制的性状是有效的。对于由较大基因控制的性状来讲，特别在使用较小的预测群体时，MARS 的效率较低，甚至低于表型选择的效率，因此降低模型的显著性阈值和使用较大的预测群体可以提高 MARS 的效率。近年来，标记辅助轮回选择有很快被全基因组选择取代的趋势。

（三）提出改良产量和产量相关等复杂性状的全基因组选择方法

在改良多基因控制的复杂性状时，MAS 和 MARS 都存在两方面的缺陷，一是后代群体的选择建立在 QTL 定位基础之上，而基于双亲的 QTL 定位结果

有时不具有普遍性，不能很好地应用于育种研究；二是重要农艺性状多由多个微效基因控制，缺少合适的统计方法和育种策略将这些数量基因位点有效应用于数量性状的改良。Meuwissen 等提出了全基因组选择（GS）育种策略。GS 是在高密度分子标记的情况下，利用遍布全基因组的全部分子标记数据或单倍型数据及起始训练群体中每个样本的表型数据来建立预测模型，估计每个标记的遗传效应，而在后续的育种群体中利用每个标记的遗传效应预测个体的全基因组育种值，根据预测的全基因组育种值选择优良后代。自 2001 年 GS 被提出以来，人们对 GS 与其他选择方法如表型选择和 MARS 的相对功效、如何利用高密度分子标记准确预测个体或家系的育种值进行了大量研究。相对于 MARS 中仅利用少量显著性标记进行表型的预测和选择优良单株的育种方法，GS 的优点是能够利用遍布全基因组的高密度分子标记，即使微效 QTL 也能找到与其处于连锁不平衡状态下的标记，将这些能够解释几乎遗传变异的所有标记位点都考虑进预测模型，避免标记效应的有偏估计，从而能够更好地利用大量遗传效应值较小的 QTL。模拟研究结果表明，GS 的预测精确性可以通过加密标记密度来实现，而且 GS 的年平均选择效率高于 MARS 和表型选择，单位遗传进度的花费低于 MARS 和表型选择，再加上 GS 的选择标准是育种值而不是个体本身的表现型，因此 GS 更为准确。

　　全基因组选择首先在动物育种中提出并得以应用，其优点是通过遍布全基因组的高密度分子图谱寻找几乎与所有基因都处于连锁不平衡状态下的标记，能够有效地避免一般回归模型对标记效应的有偏估计，更好地利用效应较小的 QTL。此外，全基因组选择的优势还体现在其加速了育种进程，从而提高了年度遗传进度。相对于传统选择来说，全基因组选择每一轮选择的遗传进度并不高，但是在后续的育种群体中只进行基因型鉴定，不进行表型鉴定，缩短了每一轮的育种周期，使年平均遗传进度高于传统育种。在动物育种中，已经证明全基因组选择的年平均遗传进度是传统育种的 2 倍。全基因组选择的优势还体现在降低了单位遗传进度的花费，因为在整个育种周期中，只有起始训练群体需要同时进行基因型和表型的鉴定，而后续的育种群体中只需要测定基因型，大大减少了表型测定的样本量，所以降低了全育种周期的花费。GS 在动物育种中的应用表明，自从将全基因组选择策略引入奶牛育种，奶牛育种公司的花费就降低了将近 90%。植物育种模拟研究也有类似的结果，全基因组选择策略的遗传进度高于传统表型选择 4%～25%，单位遗传进度的花费低于传统育种 26%～65%。

第二节　中国作物分子设计育种面临的挑战与对策

作物分子设计育种是突破传统育种瓶颈的有效途径，实现分子设计育种的目标有助于大幅度提高作物育种的理论和技术水平，带动传统育种向高效、定向化发展。但是，中国目前缺少大规模、高效率的国家级分子设计育种平台，要想充分发挥分子设计育种对未来农业生产的贡献，还有待在以下几个方面加强研究和建设。

一、加强育种中的预测方法和模拟工具的研究

预测的准确性决定育种工作的成败，而传统育种中的亲本选配原则、后代选择方法只是大致预测后代群体的育种价值。分子设计从多层次水平上研究植物体内各成分间的网络互作行为和在生长发育过程中对环境反应的动力学行为，在计算机平台上对植物的生长、发育和对外界反应的行为进行模拟和预测，根据具体育种目标构建作物品种蓝图。要实现这一过程，亟待研究精确的预测方法和模拟工具，然后才能利用的发掘的基因信息、核心种质和骨干亲本的遗传信息，结合不同作物的生物学特性及不同生态地区的育种目标，对育种过程中各项指标进行模拟优化，预测不同亲本杂交后代产生理想基因型和育成优良品种的概率，根据科学的预测开展育种工作。预测方法和模拟工具包括利用各种组学和遗传学理论，预测基因的功能和基因间的相互关系，预测基因型到表现型的途径；综合利用自交系系谱、分子标记连锁图谱和已知基因信息等遗传数据，并借助已测试杂交组合的表现来预测未测试杂交组合表现的方法，研制杂交种预测的育种工具，有效发掘未测试杂交组合中的优秀组合；利用数量遗传和群体遗传学理论以及传统育种中积累的数据，预测亲本的一般配合力和特殊配合力以及杂种优势等。

二、加强基因与环境互作、遗传交配设计和分析方法的研究

作物的生长离不开环境，环境定义为影响一个基因型表现的一组非遗传因素。这些非遗传因素可分为非生物因素和生物因素，其中非生物因素如土壤的物理和化学特性、气候因子（如光照、降雨量和温度）等，生物因素包含害虫、病原体、线虫和杂草等，这样定义的环境又称宏环境。与宏环境对应的还

有微环境，微环境定义为单个植株或小区的生长环境。基因型和环境互作研究中的"环境"一般指的是宏环境，其可以是不同的栽培方式、地点和年份，也可以是不同的栽培方式、地点和年份的组合。作物育种的目标性状大多存在基因和环境间的互作，而表型鉴定是研究基因和环境间互作的基础。随着生物技术的发展，基因型的鉴定不再是遗传研究的限制性因素，而对各类育种性状大规模、准确的表型鉴定就成为最大挑战，各种重要农作物的表型组学研究亟待开展。基因和环境的互作研究建立在植物生理、遗传、病理和育种等学科的基础之上，互作研究有利于了解基因型到表型的生物机制和途径、认识作物对环境适应性的规律、鉴定特定环境下表达的新基因、鉴定对作物生长和发育起关键作用的环境因子、预测基因在未来环境条件下的遗传效应等，为分子设计育种过程中目标基因型的预测提供必要的信息。

利用多亲本交配设计进行遗传和育种研究已成为国内外遗传育种学的热点之一。但仍有很多问题尚待解决，如交配设计过程中如何选亲本？选几个亲本？亲本间如何设计杂交试验？如何在不损失 QTL 检测功效的同时更有效地控制后代群体规模？这些育种家和遗传学家共同关心的问题还没有明确的答案，仍处于探索阶段。因此，多亲本交配设计模拟工具有助于比较不同交配设计的遗传和育种价值，有助于对新交配设计提出新的统计分析方法，挖掘更多的遗传变异，为分子设计育种过程中目标基因型的选择和预测奠定基础。

三、加强作物功能基因组、生物信息学方法和生物信息学工具的研究

中国在水稻、小麦、玉米等主要作物中已经开展了大量的基因定位研究，积累了大量的遗传信息，但这些信息还处于较为零散的状态，缺乏集中、归纳和总结，对不同遗传背景和环境条件下的基因效应、QTL 的复等位性以及不同QTL 之间的互作研究不够系统全面。功能基因组研究是分子设计育种的基石，只有明确功能基因的位点、发掘出大量优良等位基因，才能大幅度推进分子设计育种工作的开展。在国家高技术研究发展计划和国家重点基础研究发展计划等项目的大力支持下，中国已全面启动水稻功能基因组研究，这一研究将产生大量的生物信息数据，不仅有助于全面了解水稻，还为了解其他作物重要性状的遗传提供了基础数据。基因组学和蛋白组学的飞速发展带来了海量的生物信息数据，生物信息学方法和生物信息学工具的研究亟待加强，以充分利用这些基础数据在转录组学、蛋白组学、代谢组学以及表型组学等挖掘功能基因和表达调控基因的有效信息。另外，在中国作物种质资源信息系统中，能被分子设

计育种直接应用的信息还很有限，重要农艺性状的遗传基础、形成机制和代谢网络研究还很欠缺，有效的生物信息学方法和工具可以从海量信息数据库中快速获取有用的基因与基因序列、亲本携带的等位基因、基因与环境互作信息，为分子设计育种精确预测不同亲本杂交后代在不同生态环境下的表现提供信息支撑。

四、加强分子设计育种技术体系和决策支持平台的研究，重视人才培养和团队建设

分子设计育种是各种育种技术的整合，是育种的高级阶段。作为未来育种理论和技术的储备，相关人员应该把握机遇，充分利用植物基因组学和生物信息学等前沿学科的重大成就，及时开展分子设计育种的基础理论研究，建立具有自主知识产权的分子设计育种技术体系和技术平台。通过整合国内大专院校和科研院所的有效资源，实现优势互补，开展联合攻关。加强分子设计育种平台研发和人才培养，注重新一代育种家的培养，培养既掌握先进育种理论和技术又擅长传统育种的全方位人才，同时加强分子设计育种团队建设，为中国分子设计育种提供研究平台和人才保证。

第八章　现代分子设计育种的相关政策与展望

第一节　现代分子设计育种的相关政策

　　世界各国均高度重视包括分子育种在内的生物技术的发展，围绕这一领域制订了长远的发展计划，甚至有的国家通过立法来规范生物技术，特别是转基因技术的研究与应用。

一、国外的相关研究政策

　　美国、欧盟成员国、日本、巴西、南非等国家制订了生物技术长远发展计划，以及对转基因生物技术知识产权的相关保护制度。

（一）美国的相关政策

　　美国制定了一系列有利于促进生物技术发展的战略和计划。美国每年用于生物技术相关项目的经费高达 380 亿美元。在知识产权政策方面，美国是目前世界上转基因生物技术知识产权法律体系最为完整的国家，其生物技术专利授予主要包括四个领域：植物领域、动物领域、微生物领域和遗传物质领域。其中，每一领域都有完备的法律规定作为判定依据。

（二）欧盟的相关政策

　　欧盟"地平线 2020"对生物技术未来发展做出了重点规划。具体包括①推动作为未来创新驱动力的前沿生物技术，如合成生物学、生物信息学、系统生物学、生物技术与纳米技术和信息通信技术的交叉研究，以及新应用的转化与实施（如药物传送系统、生物传感器、生物芯片等）。②创新性和竞争性平台技术，如基因组学、宏基因组学、蛋白组学、分子生物学工具等。③发挥生物技术在污染检测、监测、预防和控制方面的应用潜能。相关的研究与创新包括酶与代谢途径研究、生物过程设计、先进发酵技术、上下游过程工程、微生物群落动力学研究。

（三）日本的相关政策

　　日本政府把遗传学作为八项千年计划之一，并加大了对于转基因生物技术的资金投入力度。此外，日本政府还积极寻求与学校之间的合作。对于转基因生物技术知识产权的保护，日本根据经济产业省特许厅发布的《向有关微生物的发明授予专利的审查标准》及《特殊领域发明的审查指南》中的第二章，确定生物技术专利的范围，将生物技术领域中的发明分为四类：遗传工程、微生物、植物和动物。20世纪80年代后期，日本政府开始在国内外实施强化转基因生物技术知识产权制度的政策。

（四）印度的相关政策

印度政府于2007年9月批准了《国家生物技术发展战略》，并采取积极措施直接支持生物技术的发展和生物技术人才的培养。印度政府给予生命科学的经费大幅增长，生物技术部计划投入为650亿卢比，是早期投入的15倍。

（五）巴西的相关政策

巴西总统签署了新的生物安全法，该法规对转基因生物安全管理机构的构成、职责、任务和运转机制做出了明确的规定。巴西转基因生物安全管理机构包括国家生物安全理事会、国家生物安全技术委员会以及其他政府相关部门。新的生物安全法规定任何使用基因工程技术的机构以及开展转基因生物及产品研究的单位都应建立生物安全委员会并指派一个主管技术员，负责每个专门项目的安全管理工作。该法令的出台使巴西转基因技术发展走上了快速、规范的轨道。

（六）南非的相关政策

南非颁布了《南非国家研究与开发战略》，通过修订和完善相关法律法规、建立区域创新中心、培养高水平人才、加强知识产权保护和成果转化以及重视国际合作等措施，推进生物科技创新及产业发展。为了保护转基因生物技术，南非修改了《专利法》中某些不利于生物多样性资源开发利用的条款，以调动创新和投资的积极性；修改了《知识产权法》，向知识产权的发明者提供统一的指导，保护创新者的利益；并制定了《转基因生物法案》，规范转基因产品的种植、进口和销售。

二、中国的相关政策

2017年以来，农业农村部和财政部已批准创建151个全产业链发展、现代要素集聚的国家现代农业产业园。不久前，我国认定江苏省邳州市等38个现代农业产业园为第三批国

家现代农业产业园。农业农村部和财政部有关司局负责人表示，近年来，中国加大政策支持力度，推动产业园建设取得明显成效，151个国家现代农业产业园平均产值达75亿元，其中15个超百亿元，各地创建了3189个省、市、

县产业园，基本形成了以园区化推动现代农业发展的建设格局。

2017 年 9 月，国务院《关于加快推进农业供给侧结构性改革大力发展粮食产业经济的意见》提出，要加快现代种业创新，扶持壮大一批种子龙头企业，推动新一轮农作物品种更新换代。

2019 年 12 月 30 日，国务院办公厅印发《关于加强农业种质资源保护与利用的意见》(国办发〔2019〕56 号)。2020 年 7 月，农业农村部召开专门会议，就统筹推进资源保护利用工作进行全面部署。各地积极宣传贯彻，河北、山西、辽宁、湖南、重庆、云南、新疆等多省（区、市）出台中长期规划及实施意见。

2020 年 2 月，农业农村部印发《2020 年推进现代种业发展工作要点》，要求积极推动种业制种保险、信贷支持等政策落实，支持现代种业发展基金发挥政策导向作用，引导企

业做大做强、做专做精。同年，农业部在部署"十四五"工作时再次强调，要把种业作为农业科技攻关及农业农村现代化的重点任务，支持企业做大做强。

2021 年 1 月，农业农村部印发了关于《2021 年农业转基因生物监管工作方案》的通知，提出既要加快推进生物育种研发应用，又要依法依规严格监管，严肃查处非法制种、知识产权侵权等违法违规行为，保障农业转基因研发应用健康有序发展。明确指出对农业转基因研发单位全覆盖检查，严查中间试验是否依法报告，环境释放和生产性试验是否依法报批，基因编辑等新育种技术研究、中外合作研究试验是否依法开展。对农业转基因试验全程监管，试验前核查控制条件是否合规，试验中检查控制措施是否落实到位，以及试验材料可追溯管理情况，试验后检查收获物、残余物等管理情况。

2021 年中央一号文件提出，对育种基础性研究以及重点育种项目给予长期稳定支持。加快实施农业生物育种重大科技项目。深入实施农作物和畜禽良种联合攻关。实施新一轮畜禽遗传改良计划和现代种业提升工程。尊重科学、严格监管，有序推进生物育种产业化应用。加强育种领域知识产权保护。支持种业龙头企业建立健全商业化育种体系，加快建设南繁硅谷，加强制种基地和良种繁育体系建设，研究重大品种研发与推广后补助政策，促进育繁推一体化发展。

利用基因编辑技术进行农作物育种，已成为国际科学竞赛新的热门领域。2021 年的中央一号文件对种业工作做了全面部署，明确了要尊重科学、严格

监管，有序推进生物育种产业化应用。

第二节　新一代生物育种技术——分子模块设计育种的未来与展望

中国是一个农业大国，主要农产品的持续稳定增产对保障粮食安全具有十分重要的战略意义。种子是粮食生产的源头。随着生命科学的迅猛发展，生物育种已成为发展现代种业的必然选择。本节概述了中国育种技术的发展现状，提出了针对农业生物复杂性状改良的"分子模块育种"概念，其中"分子模块设计育种创新体系"的成功构建将引领未来生物育种技术的发展方向。

一、生物育种是保障国家粮食安全的战略选择

（一）中国未来粮食安全面临重大挑战

（1）随着粮食产量连续多年保持在 6 亿吨以上的高位，传统的数量型安全风险在下降，但伴随开放程度提升及居民消费结构升级，未来面临的质量型和能力型风险越来越突出，需提早防范。我国农业全产链面临被进一步挤压和控制的风险。随着农业市场开放程度的不断提升，相对于欧美国家，我国农业"高成本、高价格、低效率、低品质"的情况将导致国际竞争力相对下降。未来应防范外资借机从农业产业链的种植环节向上下游延伸，对我国农业全产业链形成进一步挤压和控制。

上游种业市场出现外资大举进入，强占我国种业市场份额的趋势。我国虽是世界第二大种子需求国，但国内种业总体呈"小、散、弱"态势。截至 2018 年，全国种企数量为 3421 家，注册资本达到 3000 万元以上的有 1186 家，占比 34.67%，而其中具有一定研发能力的企业则更少。除主粮等大宗农产品外，许多农产品特别是经济作物种子的自给程度更显不足。这不仅有利于外资企业大举进入我国种业市场，还有助于其迅速抢占市场份额。相关调研显示，山东寿光蔬菜种植选用"洋种子"的比率达到三成，西红柿、茄子、黄瓜等常见蔬菜都是选用"洋种子"，菠菜、胡萝卜、彩椒等品种"洋种子"的市场占有率已超过六成。由于"洋种子"在品质、品相、产量、纯度和发芽率、耐储藏、后期服务等方面都比我国种企提供的种子和服务具有明显优势，虽然"洋种子"

的价格远远高于国产种子价格，但农民还是会选择按粒卖的进口种子，而不用论斤卖的国产种子、未来，随着孟山都、瑞克斯旺等国际种业机头凭借科技可服务优势进入我国种业市场并加快夸张速度，将对我国种业产生更大冲击。特别是2018年6月发布的《外商投资准入特别管理措施（负面清单）》（2018年版）中，取消了小麦、玉米之外农作物新品种选育和种子生产企业须由中方控股的限制，这无疑对跨国巨头种企形成重大利好，我国种业未来将面临较大挑战。

（2）在国内生产快速增长的同时，我国的农产品进出口速度也大幅度增长。尤其是在加入世贸组织之后，从2001年到2020年，农产品的出口从161亿美元增加到760亿美元，而进口从124亿美元增加到1708亿美元。我国成为世界上最大的农产品净进口国。

在大宗农产品中，蔬菜是最主要的净出口产品，水产品大进大出，出口略大于进口。其余大宗农产品，包括大米、小麦、玉米、大麦和高粱等谷物，大豆，棉花，食糖，油料和食用油，猪肉，牛肉，羊肉，禽肉，以及水果等，均为净进口。2020年，我国的大豆进口超过1亿吨，自给率为16%；谷物进口达到了4000万吨，自给率为94%；肉类进口为991万吨，自给率为89%。

我国大量进口农产品，有多种原因。其中最主要的原因，是耕地资源严重不足。我国人均耕地面积只有1.4亩，仅仅为世界平均水平（人均2.7亩）的一半多一点。并且耕地的质量较差，坡度在2度以下的耕地占57%，2–6度占16%，6度以上占27%。另外，地块细碎化明显。耕地不足，直接加大了土地密集型农产品的进口。例如，如果进口的1亿吨大豆用国内土地生产，需要7.7亿亩耕地，比东北和华北地区的全部耕地之和还多。另外，由于土地成本和劳动力成本的不断提高，抬高了我国农产品的价格。这使得很多进口农产品具有很强的价格竞争力。例如，2019年我国进口产品每斤的平均价格是，大米1.76元、大豆1.38元、小麦0.99元、玉米0.77元、猪肉7.80元，均显著低于国内产品价格。

我国粮食的单产水平，同世界先进水平仍然有较大差距。尤其是我国进口需求较多的大豆和玉米，均显著低于世界最大的生产国美国。其中，我国大豆的亩产不到130公斤，而美国约为230公斤；我国玉米的亩产为410公斤，而美国为740公斤。

（二）优良品种是确保农业高产、优质、稳产的重要基础

"一粒种子改变一个世界。"种子是"农业之母"，是农业科学的"芯片"，是粮食生产的源头。联合国粮食及农业组织（FAO）研究表明，国际粮食总产增长的 80% 依赖于单产水平的提高，单产提高的 60%～80% 来源于良种的贡献。几十年来，育种家通过常规杂交选择培育了一大批优良品种，在粮食产量的稳定提升中发挥了重要作用。20 世纪 60 年代，小麦和水稻相继成功应用了半矮秆基因，两种作物的单产水平提高了 20%～30%，在农作物育种史上被称为第一次"绿色革命"。20 世纪 70 年代，杂交水稻三系配套成功并大范围推广，这使水稻单产又提高了 20%～30%。20 世纪，矮秆育种的推广和杂交水稻技术的应用使中国粮食产量从 20 世纪 60 年代中期到 20 世纪 90 年代中期连续 30 多年稳步增长。传统杂交育种技术的快速发展带动了中国种业的发展和农业生产力水平的提高。中国种业知识产权联盟的调查表明，近年来中国品种选育推广速度稳步提升。特别是《中华人民共和国植物新品种保护条例》的颁布，调动了全社会育种创新的积极性，加速了新品种的培育，在保障粮食安全、带动农业发展和促进农民增收等方面发挥着重要的作用。

（三）生物育种是现代农业发展的必然选择

传统育种方法是在有性杂交的基础之上，通过遗传重组和表型选择进行品种培育的过程。多年来，人们通过广泛杂交选择育成了大批高产优质品种，为农产品生产和国家粮食安全做出了重要贡献。但随着重要基因资源的逐步挖掘，传统育种的瓶颈效应日益显现，新品种选育的困难越来越多。第一，由于种间生殖隔离的限制，很难利用近缘或远缘种的基因资源对特定的农业生物进行遗传改良；第二，传统育种易受不良基因连锁的影响；第三，进行优良基因叠加一般需要依据表型或生物测定来判断，检出效率易受环境因素的影响；第四，育种效率较低，周期长，一般需要 10 年以上。由于上述原因，利用杂交育种技术已经很难育成突破性新品种。传统的育种技术已难以承载未来粮食安全面临的巨大挑战，迫切需要发展新型育种技术。

在农业生物遗传改良实践中，生命科学的发展催生了生物育种技术的兴起和革新，而分子育种技术通过利用控制目标性状的功能基因和调控元件，使动植物育种可利用的资源由过去种间、亚种间、属间扩展到整个生物界。复合分子标记辅助育种作为一项新兴的育种技术，可以有效提高目标性状改良的效率和准确性，在农业生物育种中逐步得到广泛应用，实现了由表型选择到基因型选择的过渡。由于选育周期的缩短，新品种培育进程大大加快。转基因技术同样是一种新型生物育种技术，它是通过将人工分离和修饰过的基因导入生物体基因组中，借助导入基因的表达，引起生物体性状发生可遗传的改变。近年来，转基因技术的快速发展加速了农作物品种的更新换代及种植业结构的变革，推动了新兴生物经济的形成。然而，目前复杂性状的改良还有很多亟待解决的问题。

总之，保障粮食安全的关键在于育种技术的进步。生物育种技术的不断创新将为现代农业发展带来新的契机。

（四）生物育种产业将成为国际农业科技与经济竞争的焦点

生物技术已成为新的科技革命的主体之一，生物产业推动了生物经济的形成。目前，农业生物技术的飞速发展正酝酿着农业育种史上新一次"绿色革命"。转基因技术是现有生物育种技术中发展最快、效率最高的针对作物单一性状进行改良的技术。2011年，全世界有29个国家种植转基因作物，全球转基因作物种植面积已超过1.6亿hm²，比1996年增加了94倍；2016年，转基因作物累积种植面积为12.5亿hm²。转基因技术的应用也带动了农业产业的发展，2011年全球转基因作物种子销售额约为130亿美元，而转基因作物商业化最终产品年产值为1 600亿美元。与此同时，转基因作物的推广应用在减少农药施用、降低病虫害损失、改善环境、减少劳动力投入等方面取得了巨大的经济效益。

近年来，农业生物技术的研发在发达国家已经进入高速发展时期，投资强度越来越大。到目前为止，发达国家在该领域的总投资已超过2000亿美元。美国、瑞士、日本等国以及先锋、孟山都、先正达等大型国际种业公司纷纷投入巨资，开展水稻、小麦、玉米等农业生物的基因组研究，重点挖掘新基因和研发育种新技术，这些生物育种产业的发展将在未来的农业生物改良中带来巨大的经济效益。一些发展中国家更是抓住生物技术发展的良好机遇，大力发展农业生物育种，将其视为赶超世界科技前沿难得的突破口。

二、中国农业科学与生物育种技术发展现状

（一）植物基因组学研究处于国际领先行列

中国是世界上较早启动植物基因组学研究的国家之一。1998年，中国作为主要发起国之一，参与了国际水稻基因组测序计划；2000年，中国启动了超级杂交稻基因组计划；2002年，中国首次完成了超级杂交稻亲本籼稻品种93-11的全基因组草图；2004年，中国完成了粳稻（日本晴）第四号染色体精准测序，并开展了一系列比较基因组研究；2005年，中国完成了杂交稻亲本籼稻品种

93-11 的精准测序，开展了杂交稻亲本籼稻品种 93-11 和培矮 64 的转录组学研究；2009 年，中国从转录水平上阐明了杂种优势的分子调控机理；2013 年 3 月，中科院和中国农业科学院的科学家分别完成了小麦 A、D 基因组的全基因组测序工作。2020 年 6 月 11 日在《自然》杂志发表的成果突破了独脚金内酯信号途径研究瓶颈，发现了具有转录因子和转录抑制子双重功能的新型抑制蛋白，被国内外同行誉为"植物激素信号转导领域的突破性进展"；2020 年 6 月 17 日在《细胞》杂志发表的成果突破了传统线性基因组的存储形式，在植物中首次实现基于图形结构基因组 (graph-based genome) 的构建，有望引领基因组学新的研究思路和方法，被国内外同行誉为"基因组学的里程碑工作"。这些成果不仅是重要理论创新，而且有助推进植物分子设计育种进程。此外，中国还先后完成了棉花、大豆、玉米、黄瓜等农作物的全基因组测序。

与此同时，基因组对新技术的开发与应用的研究取得了显著进展。例如，开发了基于高通量基因组测序的基因型鉴定方法，该方法比之前广泛应用的分子标记分辨率提高 35 倍；成功开展了水稻重要农艺性状的基因组关联分析（GWAS）；利用 RNA-Seq 技术成功进行了水稻全基因组的转录组分析；克隆了大量籼稻和野生稻的全长 cDNA 并构建了数据库。

（二）植物功能基因组研究具有世界先进水平

以水稻功能基因组研究为例，中国已建成包括水稻大型突变体库、全长 cDNA 文库、全基因组表达谱芯片等大型功能基因组研究平台。蛋白质组、代谢组、表型组等系列"组学"平台建设也日趋完善。以水稻功能基因组研究平台为依托，分离克隆了一大批控制水稻高产、优质、抗逆和营养高效等重要农艺性状的基因，如控制水稻产量的 *GS3*、*Ghd7*、*GW2* 和 *GW8* 基因，穗形态基因 *DEP1*、*DEP2*，籽粒灌浆充实度基因 *GIF1*、*PHD1*，水稻株型基因 *MOC1*、*IPA1*、*LAZY1*、*TAC1* 和 *PROG1*，抽穗期基因 *RID1*，茎秆强度基因 *FC1*，广亲和基因 *S5* 和 *Sa*，白叶枯病抗性基因 *Xa3/Xa26*、*Xa13*，褐飞虱抗性基因 *Bph14*，抗盐的主效 QTL 基因 *SKC1*，抗旱关键基因 *SDIR1*、*SNAC1* 和 *OsSKIPa*，磷营养高效基因 *OsPFT1*、*OsPHR2* 等。

据不完全统计，近年来在国际核心期刊发表的高水平水稻相关论文中，有相当一部分是由中国科学家自主完成的。其中，多篇论文作为杂志封面文章发表，充分体现了中国植物功能基因组学和分子生物学研究已跃居世界前沿，并呈现迅猛发展态势。

（三）鱼类基因组研究取得重要进展

从 2010 年开始，中国相继开展了主要养殖鱼类（如鲤鱼、草鱼等）的全基因组测序工作。草鱼已完成一尾雌核发育个体和一尾雄性个体的 Solexa 测序和 contig 组装，正在进行基因和重复序列的预测和注释以及基于高密度遗传连锁图的染色体组装；已鉴定出数千个草鱼 SSR 和 SNP 标记，构建完成了草鱼高密度遗传连锁图谱；开展了生长、营养和抗病性状的 QTL 定位分析，获得了 9 个与生长速度、饵料转化效率和草鱼出血病抗性相关的 QTL，发掘了多个草鱼出血病抗性相关基因。与此同时，开发出了基于基因组和转录组高通量测序资料的 SNP 分析软件，为精细 QTL 定位和规模化转录组基因型分析提供了重要技术手段。

（四）生物育种技术在育种实践中得到应用

随着全球现代生物育种技术的飞速发展，近年来中国生物育种技术的研发和应用也取得了重要进展。由于各级政府的重视和国家投入的增加，越来越多的研究力量投入到了生物育种行列中，一大批举世瞩目的科研成果不断涌现，推动了中国现代生物育种的理论形成和技术创新，并不断向新的深度和广度拓展。

目前，细胞与染色体工程技术已经在小麦、水稻等作物新品种培育中广泛应用，已培育出多个以小偃系列小麦和中花系列水稻等为代表的新品种；定位了大量与主要农作物重要性状基因紧密连锁的分子标记，利用分子标记辅助和聚合育种技术选育出了多个抗病水稻、小麦、棉花新品系。

（五）育种技术创新能力有待进一步加强

纵观中国生物育种的发展现状，许多领域亟待进一步加强，这主要体现在以下几个方面。

（1）原始创新、集成创新能力不够。中国目前在动植物分子生物学研究方面，对于重大科学问题缺乏原始创新；研究方法上往往是套用国外现成的技术；科研部门之间比较独立，集成创新的能力不够。为了高效地实现对重要农艺性状的改良，必须加强对复杂性状的基因调控网络研究，构建并完善具有自主知识产权的生物育种体系，促进理论研究与育种实践的紧密结合，推动中国生物育种研究扎扎实实地走上自主创新的发展轨道。

（2）研究内容重复、研究深度不够。中国许多研究机构均已投入大量人力物力，广泛加入到了生物育种行列中，但是相关研究的基础较为薄弱、科研人员力量分散，从而导致许多研究内容表现为低水平重复，缺乏研究深度，有重大科学发现或有重要应用前景的成果非常缺乏。这种现状在短期内很难有质的改变，在很大程度上影响了中国生物育种技术的健康、快速发展。

（3）生物种业发展相对滞后。种子是重要的战略资源，控制了种业就控制了粮食生产，因此种业市场是跨国集团竞争的焦点。当前，跨国粮商和种业公司对中国农产品和种子市场的渗透已成为不争的事实。国内种业正面临着国际种业公司的强大冲击。

三、分子模块育种将引领未来生物育种的发展方向

（一）复杂性状的分子调控网络呈现出"模块"化特征

目前，分子标记辅助育种和动植物转基因育种等生物育种技术还局限于单个或 2～3 个少数基因的遗传改良，而农作物高产、优质和耐逆性等重要农艺性状与家养动物繁殖力、抗病以及优质等重要经济性状都是由多基因控制的复杂农艺性状，现有的生物育种技术还不能满足复杂性状分子设计育种目标的需要。研究发现，复杂性状的基因调控网络常呈现"模块化"的特性，通常是由主效基因及其相互作用的调控基因组合成一个功能单元，整体上负责相关功能的发挥与目标性状的形成。因此，发掘和解析控制农业生物复杂性状形成的调控"模块"并将它们有效地耦合，是实现农业生物复杂性状分子改良的基础，在实践过程中形成的新型育种技术体系终将成为品种分子设计理论的创新源头。

近年来，生物技术与常规育种技术紧密结合，并在农业生产中得到了广泛应用。很多重要成果的取得与重大技术发明均表现出了模块化功能的特征，如在小麦中导入黑麦 1BL/1RS 染色体置换片段，该天然育种模块的应用已经培育出了大量高产抗病新品种；水稻理想株型基因 *IPA1*、水稻粒宽基因 *GW8* 及其 *miRNA156* 关系的阐明为水稻产量的大幅度（>10%）提升奠定了基础；作物和动物抗病性的遗传改良是基于对主效基因控制的专化抗病性（垂直抗性）和微效基因控制的非专化性抗病（水平抗性）的有效耦合；利用银鲫双重生殖方式培育的新品种异育银鲫"中科 3 号"是一个新的核质杂种克隆，其平均增产幅度为 20% 以上。

（二）生命科学的发展为"模块"育种技术创新提供了可能

农业生物育种从根本上来说是一个系统生物学过程，是基于多学科交叉与

技术集成而产生的。生命科学各前沿领域突飞猛进的发展为生物育种的技术创新提供了重要基础：①随着基因组分析技术与生物信息学的发展，通过高效、廉价的基因组测序与 GWAS 技术，结合核心种质库的选择与多亲本群体或育种高世代群体的利用可以有效地进行复杂性状相关的基因组区域与关联 SNP 的标记，为调控复杂性状的功能"模块"解析在全基因组水平上提供候选基因；②分子生物学、动植物生物化学及遗传学的协同发展推动了动植物功能基因组研究的快速进步，使大规模分离和鉴定调控基因及其作用网络以及系统分析性状建成和调控机理成为可能，为"模块"的解析和组装提供了理论和技术保障；③现代农学学科及农业生物育种学科的发展越来越依赖合成生物学与系统生物学的理念，最终将实现农艺性状在全基因组水平上的优化与选择，达到复杂性状得以改良的新品种培育目标。

全基因组选择技术就是上述多学科与技术高度整合的结果，它是以基因的遗传、功能和表型信息为基础，对目标基因/性状、非目标基因/性状和遗传背景在全基因组水平上进行选择，结合对基因功能及调控网络的认识，利用高通量育种选择标记技术，极大地提高性状选择的预见性和育种效率，最终实现全基因组设计育种。全基因组水平的选择与设计为解决复杂性状改良问题提供了切实可行的技术路径。

（三）分子模块设计育种将是未来生物育种的发展方向

随着中国水稻、小麦、玉米、大豆等主要农作物以及鱼类全基因组序列测定的完成，各种突变体库的构建以及全长 cDNA、蛋白组分析、基因芯片、RNA-Seq 等功能基因组研究平台的建立为开展复杂性状的功能基因组及其调控网络研究奠定了良好的基础，也为发展以全基因组分子标记辅助选择和常规育种技术相结合为基础的新一代育种技术提供了新的机遇。

2008 年，中科院薛勇彪、段子渊、种康等人经过反复探讨，率先提出了"分子模块设计育种"的新型育种理念，综合运用前沿生物学研究的最新成果，获得了控制农业生物复杂性状的重要基因及其等位变异，解析了功能基因及其调控网络的可遗传操作的功能单元，即分子模块；采用计算生物学和合成生物学等手段将这些模块有机耦合，开展理论模拟和功能预测，系统地发掘分子模块互作对复杂性状的综合调控潜力；实现了模块耦合与遗传背景及区域环境三者的有机协调统一，发挥了分子模块群对复杂性状最佳的非线性叠加效应，从而有效实现了复杂性状的定向改良。分子模块设计育种示意图如图 8-1 所示。

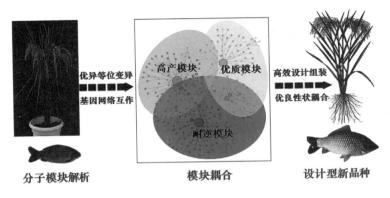

图 8-1　分子模块设计育种示意图

分子模块设计育种是一项前瞻性、战略性的研究，是生命科学前沿问题与育种实践的有机结合，是中科院农业科技创新团队集体智慧的结晶，将推动中国农业生物遗传改良理论和技术体系的创新和跨越，引领中国生物育种技术跃居世界领先行列，对保障中国农业可持续发展和粮食生产安全有着非常重要的战略意义。

第三节　"分子模块设计育种创新体系"战略先导专项进展

我国生物产业"十四五"发展规划中提出：要建设农作物分子育种平台为促进我国分子育种技术应用，提升农作物育种效率和技术水平，实现从传统常规育种向现代化精确分子育种转变，完善以分子育种为核心的农业种业技术体系，突破全基因组选择、基因组编辑、航天生物工程等分子育种关键技术与装备，形成一批现代分子育种创新平台，加快建设主要农作物品种高通量单核苷酸多态性（SNP）芯片分子检测与基因分型、覆盖主要生态类型的主要农作物育种材料和组合田间测试网点，以及田间表型性状信息采集系统，为种业企业、科教单位、政府品种与市场监管单位等机构提供技术共享服务，带动和促进生物种业行业的快速发展。

中科院在农业科学研究方面有着独特的传统优势，植物分子生物学和基因组学研究已步入国际领先行列，完成了一大批有重要应用前景的动植物基因的克隆与功能解析，凝聚了一大批国际知名科学家，在基础与应用基础研究、试验示范平台建设、成果推广等方面拥有一支强有力的科研团队，学科布局涵盖生物科学前沿的各个领域。因此，中科院组织实施"分子模块设计育种创新体系"战略先导专项，在研究基础、人才队伍、学科交叉与联合攻关方面有着其他科研院所无法比拟的力量和优势。

中国是一个农业大国，农业的健康发展和农产品的充足供给对人民生活的改善和社会的和谐进步具有重大意义。中国已进入更加依靠科技创新以保障粮食供给、促进现代农业可持续发展的历史新阶段。因此，中科院组织实施"分子模块设计育种创新体系"战略先导专项，对于引领未来生物育种技术的发展，保障国家粮食安全、提高人民生活水平、改善生态环境、提升综合国力等方面具有十分重要的作用。中科院农业科技创新团队通过专项的实施为国家生物育种战略新兴产业的兴起和发展贡献力量。

在传统的植物遗传育种实践中，研究人员一般通过植物种内的有性杂交进行农艺性状的转移与改良，这类常规育种实践虽然对农业产业的发展起到了很大的推动作用，但存在育种周期长、遗传改良实践效率偏低的缺陷。基于对关键基因或 QTLs 功能的认识，利用 TILLING 技术、基因组编辑技术和转基因技术创制优异种质资源（设计元件），根据预先设定的育种目标，选择合适的设计元件，实现分子设计和多基因组装的育种，已经成为国际上引领作物遗传改良进步的最先进技术。由于采用了高效的基因定点改造和转移途径，分子设计育种具有常规育种无可比拟的优点，一旦建立了完善的品种分子设计育种体系，就可以快速地将功能基因组学的研究成果转变成大田作物品种，从而创造巨大的经济效益，为保障国家粮食安全和农业可持续发展、促进作物育种理论和应用研究的创新做出重大贡献。

一、立项背景

中国是一个农业大国，水稻、小麦、鱼等主要农业品种的持续稳定生产对保障中国农业可持续发展具有重大现实和战略意义。多年来，育种科学家培育了大量高产优质品种，为解决 14 亿人口的吃饭问题做出了巨大贡献。但是，常规育种面临育种周期长、效率低、遗传背景狭窄等瓶颈，而转基因技术主要针对少数单基因控制的性状改良，难以培育针对复杂性状改良的突破性新品种。因此，提高育种科技水平，发展新一代育种理论和技术体系是现代种业发展的迫切需求。

近年来，发达国家纷纷出台国家级研究计划，在农业生物技术领域展开竞争。大型跨国公司如孟山都、先锋和先正达等投入巨资开展水稻、玉米、小麦以及牛和主要养殖鱼类等的基因组研究，目的是取得相关基因和关键技术的知识产权。"一个基因（技术）就是一个产业"，这些新兴产业发展将在未来的农业生物改良中获取巨大的经济效益。中国政府也一直高度重视农业生物技术发展，在多个科技计划的资助下，农业生物技术研究获得了较大的发展。但是，中国启动的分子标记辅助育种和动植物转基因专项还局限于单个或 2～3 个少数基因的遗传改良，不能满足复杂性状分子设计育种目标的需要。

基因组学、系统生物学、计算生物学、合成生物学等新兴学科的发展为解析生物复杂性状的遗传调控网络带来了机遇，也为设计育种技术创新奠定了科学基础。多数农艺（经济）性状受多基因调控，并具有"模块化"特性。因此，"分子模块设计育种创新体系"能够为解析分子模块、阐明分子模块耦合理论、实现全基因组水平多模块优化组装、培育新一代设计型超级品种提供系统解决方案。

2013 年 4 月，为充分发挥分子模块设计育种在保障国家粮食安全和农业科技创新发展中的重要战略作用，中科院党组会审议并通过了"分子模块设计育种创新体系"战略性先导科技专项（以下简称"分子设计育种先导专项"）的实施方案和组织管理方案，这标志着分子设计育种先导专项正式立项，开启了中国探索基因组育种的新篇章。

二、总体目标

分子设计育种先导专项针对中国粮食安全和分子模块设计育种创新体系建立的重大需求，以水稻为主，小麦、鲤鱼等为辅，分析鉴定复杂性状的遗传调控网络，解析高产、稳产、优质和高效的分子模块，建立完整的与复杂重要农艺（经济）性状关联的全基因组分子标记体系，设计基于"分子模块辞海"（复杂性状全基因组编码规律）和"多模块耦合理论"的最佳育种路径，实现多分子模块的高效组装和优化，达到多个复杂性状协同改良的设计育种目标，创建新一代超级品种培育的分子设计育种新技术，引领新兴生物种业发展，为保障中国粮食安全提供核心战略支撑。同时，面向专项任务需求，以原有的台站、基地为基础，通过多种合作共建，建成中科院分子育种网络中心和国内外协同创新中心，全面提升中科院育种基地模块育种材料的规模化繁育、加代生产服务功能，实现表型和基因型原位快速、通量测定，培养职业化育种队伍与工程技术人才，充分展示分子模块设计育种成果。

至 2030 年，全面解析控制复杂性状的分子调控网络，通过多模块计算模拟和定向设计育种技术实现动植物复杂性状的设计、耦合和组装，完善分子设计育种理论和技术体系，育成高产（产量提高 15%～20%）、优质、稳产和高效（养分利用效率提高 10%～15%）的分子设计型品种 10～15 个。

三、研究内容

针对中国粮食安全和战略性新兴产业发展的重大需求，以水稻为主，小麦、鲤等为辅，解析高产、优质、稳产、高效性状的分子模块，阐明主要农业生物复杂农艺（经济）性状多基因控制的遗传调控网络及互作效应；基于优良品种的全基因组遗传信息，建立多模块耦合与组装的分子模块设计育种创新体系，培育符合现代农业需要的高产、优质、稳产和高效设计型新品种。根据研究目标将其分为分子模块解析、分子模块系统解析与耦合组装、品种分子设计与培育、分子设计育种基地完善与能力提升 4 个项目。

（一）分子模块解析

以水稻为主，小麦、鲤鱼等为辅，利用野生材料、农家品种和优良主栽（养）品种等种质资源，综合运用各种组学、系统生物学和计算生物学等手段，解析产量、品质、抗病、耐逆、养分与光能高效利用等重要农艺（经济）性状形成的遗传基础及其调控网络；揭示复杂性状全基因组编码规律；解析并获得高产（产量提高 5%～10%）、稳产（损失减少 15%～30%）、优质和高效（效率提升 5%～10%）分子模块，挖掘相关性状的优异等位变异 12～15 个，获得一批可用于分子设计育种的分子模块。

（二）分子模块系统解析与耦合组装

系统分析鉴定复杂性状调控网络，建立完整的与复杂性状关联的全基因组分子标记体系，设计分子模块体系耦合的最佳路径，计算、模拟分析多分子模块系统耦合的动力学规律及效应。

（三）品种分子设计与培育

针对中国主要农作物及鱼品种存在的主要问题，利用已经获得的高产、优质、抗病、抗逆、抗倒伏等分子模块，将传统育种手段与分子育种手段相结合，以中国主栽（养）品种为底盘品种，配置底盘品种与不同分子模块供体的杂交组合，通过多代连续回交和异地加代繁育，结合基因组重测序等手段进行底盘背景鉴定和目标模块选择，获得一系列初级模块设计品种；将导入不同分子模块的初级模块设计品种杂交，获得双模块设计品种。在此基础上，将单模块和双模块设计品种作为底盘品种，采用相同的技术路线，获得三模块等更高级模块设计品种。同时，以底盘品种为对照，进行新品种营养成分分析和新品种安全性评价。

（四）分子设计育种基地完善与能力提升

围绕专项的任务与目标，选择东北、华北、华东、华中、西南和海南6个核心育种基地进行完善与能力提升，实现育种基地的主要功能：分子模块育种材料繁育加代；通量化的表型与基因型分析鉴定；共用、高通量分析检测技术研发；作物与动物野生近缘种、当地农家种、育种新材料的收集与保存；数据与信息的汇总、分析、存储；培育队伍、提升能力。通过分子设计育种基地完善与能力提升，为分子模块解析、分子模块的系统解析和耦合组装、品种分子设计与培育3个项目提供材料、数据、育种服务的支撑。

开展共用通量技术研发，包括作物全生育期、高通量、无损表型分析技术，基于下一代测序技术的高通量基因型分析技术，作物种子激光切削与DNA快速提取技术，种质资源条码溯源与数据库建设。

开展协同创新中心建设，以与中科院有长期合作关系的国内、国外优势单位为对象，合作建设国际和国内分子育种协同创新中心。

四、专项进展

目前，分子设计育种先导专项已建立从分子模块解析、分子模块系统解析与耦合组装到品种分子设计与培育和分子设计育种基地完善的完整链条，各项目按计划推进，高产、稳产、优质和高效分子模块解析和耦合新品系的培育研究取得了阶段成果，育种基地与配套设施（技术）建设进展顺利。

（一）分子模块解析

通过遗传资源材料的评价，获得了108份高产优质稳产高效的优异模块供体材料。初步解析了13个水稻的分子模块，包括水稻高产分子模块 *dep5*、*dep6*、*GS8.1*、*GS8.2*、*NPT1* 和 *NPT2* 等，抗纹枯病分子模块 *RSR1*，耐冷分子模块 *P204*、*A170V* 和 *S229N* 以及氮高效利用分子模块 *Chr*1 和 *ARE*1 等。

（二）分子模块系统解析与耦合组装

通过对302份代表性大豆种质深度重测序发现，大豆在驯化和改良过程中遗传多态性明显降低，这揭示了大豆育种中的选择瓶颈效应；进而通过基因组分析，在驯化阶段鉴定出121个强选择信号，在品种改良阶段鉴定出109个强选择信号；通过全基因组关联分析并整合前人的QTL分析，发现很多选择信号和油相关性状有关，说明大豆产油性状受人工选择较多，形成了复杂的网络系统共同调控油的代谢，从而引起了不同种质油相关性状的变异（图8-2和图8-3）。研究还定位了一系列重要农艺性状的调控位点，明确了一些基因在区域化选择中的作用，如控制花周期的*E1*、控制生长习性的*Dt1*、控制绒毛颜色的*T*等，为大豆重要农艺性状调控网络的研究奠定了重要基础。

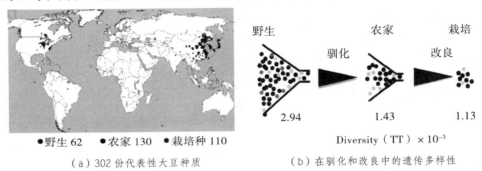

（a）302份代表性大豆种质   （b）在驯化和改良中的遗传多样性

图8-2 代表性大豆种质在驯化和改良中的遗传多样性变化

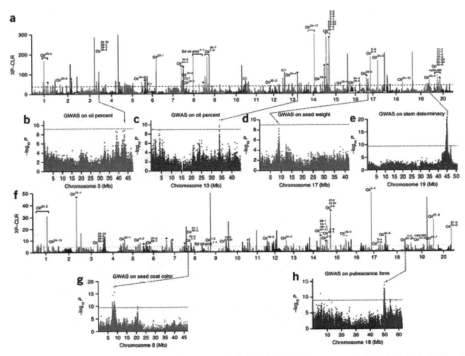

a—大豆驯化（从野生到农家种）选择信号和所对应的相关性状；b、c—油含量分子模块系统；d—种子大小分子模块系统；e—生长习性分子模块系统；f—大豆改良（从农家种到栽培品种）选择信号和所对应的相关性状；g—种皮颜色分子模块系统；h—绒毛形态分子模块系统。

图 8-3　大豆驯化改良位点和相关性状

（三）品种分子设计与培育

对东北稻区及长江中下游粳稻主栽品种进行了系统研究，明确这些主栽品种在产量、品质、抗病性等方面所遗缺的分子模块。在东北稻区，以空育131、稻花香2号、吉粳88、盐丰47等为底盘品种，分别导入稻瘟病抗性、优良株型、香味和低直链淀粉含量等分子模块，以弥补这些主栽品种所遗缺的分子模块，共获得了1 000多份抗稻瘟病、香味和长粒性状多模块聚合材料。2014年，共有13个新品系参加国家北方水稻、黑龙江省和吉林省预试与区试，其中6个水稻新品系进入了下一轮区试试验。2015年，新增10个新品系参加东北地区品种试验。在长江下游稻区，主要以武育粳30号为底盘品种，通过导入优良 *WX* 基因等位变异和穗型基因模块，改良其稻米品质和灌浆充实度；并以嘉恢193等恢复系为底盘品种，导入理想株型基因 *IPA*1 和不同抗性基因的分子模块，获得了 2 000 多份育种中间材料，育成 25 个含有改良目标模块的优良新品系（图 8-4 和图 8-5）。2014 年，共有 4 个新品系参加南方稻区国家及不同省市新品种预试或区试，并通过了当年试验。进入下一轮区试试验，2015 年，继续推荐 4 个新品系参加南方稻区的预试和区试。

图 8-4　导入 IPA1 基因分子模块的水稻新品系

图 8-5　空育 131 聚合抗稻瘟病和长粒基因模块的稳定系

（四）分子设计育种基地完善与能力提升

按目标作物和动物，启动东北、华北、华东、华中、西南和海南 6 个分子育种基地，基地设施设备完善，累计扩租土地 11 hm²，完成了土地平整及灌溉设施升级改造 80 hm²，年繁育水稻等作物株系组合能力达 150 万份，年鉴定耐盐小麦株系达 1 000 个、玉米株系 2 100 个，水稻耐盐碱性鉴定达 200 份，小麦育种材料条锈病抗性年鉴定能力达 5 600 份；小麦年度夏繁加代能力达 13 000 份；家猪基地年繁育实验用猪能力达 3 000 头以上，草鱼亲子鉴定年度可达 1 万尾，鲤亲本表型鉴定达 500 尾以上。作物种子半低温超干储存能力（储存期 >10 年）达 5 000 份，种子室温干燥储存能力（存储期 >4 年）达 5 万份以上。研发无损表型分析技术 1 套、种子切削取样技术 1 套、种质条码溯源编码技术 1 套，在育种基地原地繁育、鉴定、通量化表型与基因型鉴定平台和通用技术研发方面取得阶段性成果。

五、发展展望

分子设计育种先导专项的组织实施标志着中国育种事业进入了基因组育种新的发展阶段，开启了中国设计育种的新篇章。分子设计育种专项立项实施以来的进展表明，各项研究任务有望取得预期成果：水稻复杂性状全基因组编码规律、多模块非线性耦合理论、分子模块设计育种技术等方面取得重大科学发现或突破，建立分子设计育种的技术体系，为未来 5 年乃至更长时间育种科学的发展做好了技术准备、奠定了快速发展基础。

（一）"分子模块辞海"：水稻复杂性状全基因组编码规律

传统常规育种方法是在有性杂交的基础上，通过遗传重组和表型选择进行品种培育。然而，常规育种中优良基因叠加依赖表型判断，选择正确率低且易受环境因素影响，利用常规育种技术已经很难育成突破性新品种。分子标记辅助育种实现了由表型选择到基因型选择的过渡，可以有效提高目标性状改良的效率和准确性，在农业生物遗传育种中逐步得到广泛应用。高产、稳产、优质和高效等重要农艺性状大都是由多基因控制的复杂性状，而且其基因调控网络常呈现"模块化"的特性。分子模块是指由主效基因及其互作的多基因调控网络组合并可进行遗传操作的功能单元，作为一个整体负责相关模块功能的发挥与目标性状的形成。因此，发掘和解析控制农作物复杂性状形成的分子模块并将它们有效地耦合，是实现农作物复杂性状分子改良的基础，所形成的技术体系将成为品种分子设计理论的创新源头。

基因组学、系统生物学和计算生物学等新兴学科的快速发展，以及大量分子标记技术的开发与应用使复杂性状的遗传结构和功能解析成为可能。分子模块育种体系项目通过基因组测序、全基因组关联分析等多种组学手段，发掘和鉴定水稻高产、稳产、优质、高效等的遗传调控网络，揭示复杂性状形成的分子模块基础，首次系统解析和获得水稻复杂性状的分子模块，并在相同遗传背景下检测其生物学效应，阐明基因型–表型的对应关系，并最终编纂成对水稻乃至其他禾谷类等育种改良具指导意义的基于网络开放式的、最权威的数据库集成（图 8-6）。

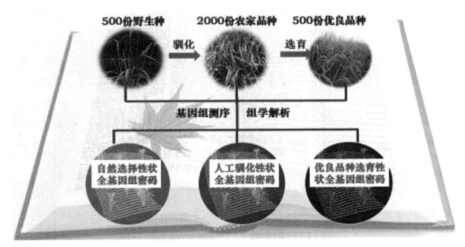

图 8-6　"分子模块辞海"：水稻复杂性状全基因组编码规律

分子模块系统解析为研究水稻起源、演化和培育分子设计新品种奠定了基础，对于深入了解复杂性状形成的分子机制、引领该领域基础及应用基础研究具有划时代意义，可以实现生物技术育种史上的重大跨越。

（二）多模块非线性耦合理论

作物重要农艺性状（如产量、品质、抗逆性、营养高效吸收和转运等）的复杂遗传调控网络使常规育种难以取得突破性进展。农艺性状遗传调控网络的复杂性主要体现在两个层次：①其受到多基因控制，各个性状的分子遗传调控网络呈现"分子模块系统"特征；②"分子模块系统"在生物体中并非独立行使功能，它们之间存在着复杂的互作关系。由此可见，只有在系统解析复杂性状的分子模块系统的基础上，明确各"分子模块系统"的互作关系，才能最大限度地发挥育种的潜力。

该专项通过基因组、转录组、代谢组、表型组、表观组等多种组学分析，解析复杂性状的分子模块系统，明确各个复杂性状分子模块内部元件的组成，在此基础上采用计算生物学手段，发展包括代谢调控、物质运输与分配、器官形成、生长发育及作物与环境互作等多个过程的理论模型，建立模型参数与分子模块间的函数对应关系，在细胞、组织、器官、个体及群体等多层次对各个分子模块元件之间的互作关系及其对不同性状的影响进行系统分析。

利用模型，根据各分子模块元件在自然群体中的单倍体型组合及分子模块信息，模拟计算不同分子模块在单个复杂性状形成以及不同复杂性状相互影响

①明确控制单一复杂性状的主效模块、微效模块；②解析单一复杂性状中主效模块与主效模块、主效模块与微效模块、微效模块与微效模块间的复杂互作关系（如显性、叠加、上位、拮抗等效应），以及其在该性状形成中的决定性作用；③研究模块及模块间的相互作用对于系统特定性状的影响；④解析不同复杂性状中形成中主效模块与微效模块的互作关系，阐明各模块在不同复杂性状形成的动态效应及控制不同复杂性状各个主效模块对其他性状形成的效应等，从而揭示"一因多效"及"多因一效"的分子机制，进而为作物多性状系统水平上的优化提供理论基础。

然后，通过杂交组合群体（如重组自交系、近等基因系、单片段替换系等），找出遗传背景一致、只有特定分子模块元件及其组合进行替代的多个个体，对上述的分子模块元件在单个复杂性状形成以及不同复杂性状相互影响中的耦合效应进行验证，在此基础上进一步调整多模块耦合效应模型建立中的各个参数和函数，经过循环调整，最终建立"多模块非线性耦合理论"（图 8-7）。

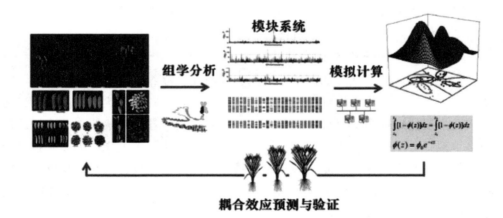

图 8-7 多模块非线性耦合理论

该理论的关键参数与其对应分子模块间的函数关系可明确多分子模块互作对复杂性状的综合调控潜力。该理论的建立是从"分子模块辞海"到实现"全基因组导航"分子模块设计育种的理论桥梁和基础，可指导将分散在不同品种中的优势基因通过传统回交、复交、杂交等技术聚合到同一个体中，在分离世代中通过分子标记选择含有多个分子模块的个体，从中再选出具有优秀生产性状的个体，最终实现有利分子模块的组装，达到优化性状的目标。

（三）"全基因组导航"分子模块设计育种技术

常规育种技术是将两个或多个亲本之间进行有性杂交，并经过连续自交和回交，在其后代群体中，根据田间生长表现筛选优良单株，繁殖成株系，经过连续多年的比较试验，确定优良品系参加品种审定部门组织的品比试验，最终审定成为新品种。由于杂交后代群体中，不同单株的基因型种类和数量非常复杂而庞大，育种家往往在杂交的低世代就开始选择其心目中的理想个体。这种仅依赖表型的选择往往会导致许多优良基因型个体不能进入育种家的视野而遭淘汰。同时，由于优良基因型往往分布于众多亲本材料中，仅选择少数几个亲本进行杂交，最终会使将大多数优良基因型聚合到同一品种中几乎无法实现。这就是长期以来常规育种技术难以获得重大突破的技术瓶颈，如果不从根本上改变现行的育种策略，寻找高效而科学的育种方法，就很难改变现有品种生产潜力长期停滞不前的局面，育成有品质的、有突破的优良品种。

"分子模块导航育种"是一种全新的育种技术（图8-8），是专门为解决常规育种技术瓶颈而设计的。通过"分子模块导航育种"，可以让育种科学家从一个庞大的育种群体中高效而又有针对性地选择出最理想的基因型个体，并最终塑造成理想的推广品种。"分子模块导航育种"将第一次系统地描述和建立分子模块设计育种理论体系，通过对已有基因组进行扫描检测，获得基因组的海量信息。利用这些信息并结合云计算技术，构建一门新的育种理论和技术。通过它可以快速、准确地预测杂交群体中哪一个个体是聚合众多优良基因型的个体。同时也可以根据育种科学家的需要，高效预测现有推广品种中所遗缺或者需要改良的基因型组合，为育种科学家培育理想品种提供最佳育种策略和方案。

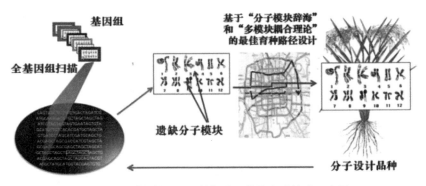

图8-8　"全基因组导航"分子模块育种技术示意图

　　然而，这一切都必须建立在系统性的结构与功能基因组研究成果之上。水稻是目前基因组及分子生物学研究最为成功的粮食作物。正因如此，在水稻上开展基因组分子设计育种的时机日渐成熟，相关研究也已在世界范围内广泛展开，并取得了一系列成果。在日本，品种"越光"是一个非常优秀的粳稻品种，但在长期推广和种植的过程中，该品种逐渐表现出诸多不足而影响了其更大面积的推广。育种科学家利用分子改良手段，对越光进行了不同性状的遗传改良。通过改良其抗倒伏性育成了越光筑波和越光 H4 号；改良产量育成了越光 H2 号；而同时改良多个性状育成了越光籽 1 号—11 号等不同品种。

　　由此可知，"分子模块导航育种"的成果将远远超过 20 世纪 60 年代半矮秆基因利用所带来的"绿色革命"，它整合了 20 世纪末迅猛发展的计算机技术、基因组技术、分子生物学技术及合成生物学技术等众多重大研究成果，并将成为分子育种研究的最终目标和出口。

　　专项提出的分子模块育种技术体系正是为实现中国育种技术发展重大需求和导向而努力探索的新型育种技术体系。由于复杂性状是基因与基因、基因与环境互作的产物，要综合运用分子生物学、基因组学和系统生物学等前沿生物学研究的最新成果，对控制农业生物复杂性状的重要基因及其等位变异进行功能研究，解析功能基因及其调控网络的可遗传操作的功能单元，即分子模块；采用计算生物学和合成生物学等手段将这些模块有机耦合，开展理论模拟和功能预测，系统地发掘分子模块互作对复杂性状的综合调控潜力；实现模块耦合与遗传背景及区域环境三者的有机协调统一，发挥分子模块群对复杂性状最佳的非线性叠加效应，最终有效实现复杂性状的定向改良。因此，分子模块设计育种是一项前瞻性、战略性研究，是生命科学前沿问题与育种实践的有机结合，为未来生物技术发展带来了新的契机。

参考文献

[1] 刘忠强.作物育种辅助决策关键技术研究与应用 [D].北京：中国农业大学,2016.

[2] 张启发,刘海军.未来作物育种对绿色技术的需求 [J].华中农业大学学报,2014(6):10–15.

[3] 卢碧霞,贺道华,陈越.作物育种学课程教学改革的探索与实践 [J].安徽农业科学,2014(35):12771–12772.

[4] 陈文艺.作物育种方法研究进展与展望 [J].科技展望,2015(13):88.

[5] 黄大昉.我国转基因作物育种发展回顾与思考 [J].生物工程学报,2015(6):892–900.

[6] 贾继增,高丽锋,赵光耀,等.作物基因组学与作物科学革命 [J].中国农业科学,2015,48(17):1–32.

[7] 盖钧镒,刘康,赵晋铭.中国作物种业科学技术发展的评述 [J].中国农业科学,2015(17):3303–3315.

[8] 郝晓华,郝晓玲.分子标记在作物育种中应用价值研究 [J].农业技术与装备,2015(8):17–19.

[9] 刘忠强,王开义,赵向宇,等.云环境下作物育种信息化模型研究 [J].农机化研究,2017(3):7–11,21.

[10] 穆金虎,陈玉泽,冯慧,等.作物育种学领域新的革命：高通量的表型组学时代 [J].植物科学学报,2016,34(6):962–971.

[11] 杨艳萍,董瑜,韩涛.基于专利共被引聚类和组合分析的产业关键技术识别方法研究——以作物育种技术为例 [J].图书情报工作,2016(19):91–97.

[12] 刘玉兰,陈殿元,元明浩.作物育种学实践教学改革现状及建议 [J].现代农业科技,2017(20):287–288.

[13] 刘忠强,赵向宇,王开义,等.基于序相关的作物育种评价性状特征选择方法 [J].农业机械学报,2015(S1):283–289.

[14] 樊龙江,王卫娣,王斌,等.作物育种相关数据及大数据技术育种利用 [J].浙江大学学报(农业与生命科学版),2016,42(1):30–39.

[15] 周想春 , 邢永忠 . 基因组编辑技术在植物基因功能鉴定及作物育种中的应用 [J]. 遗传 ,2016,38(3):227–242.

[16] 卢碧霞 , 贺道华 , 员海燕 , 等 . 网络教学平台在高等农林院校专业课中的应用——以 "作物育种学" 课程为例 [J]. 河北农业大学学报 (农林教育版),2016,18(4):46–50.

[17] 夏如兵 . 中国近代水稻育种科技发展研究 [D]. 南京 : 南京农业大学 ,2009.

[18] 李伟 . 高通量作物表型检测关键技术研究与应用 [D]. 合肥 : 中国科学技术大学 ,2017.

[19] 胡鹏程 . 基于无人机近感的高通量田间作物几何表型研究 [D]. 北京 : 中国农业大学 ,2018.

[20] 董春水 , 才卓 . 现代数字育种技术的研究进展 [J]. 玉米科学 ,2013,21(1):1–8.

[21] 何克勤 , 程昕昕 , 胡能兵 , 等 . 培养应用能力为导向的作物育种学实验·实习实践课程教学改革研究 [J]. 安徽农业科学 ,2013(6):2786–2787.

[22] 刘海礁 , 刘德畅 , 孙虎 , 等 . 议作物育种技术与中国种业安全 [J]. 农业科技管理 ,2013,32(3):76–79.

[23] 朱宗河 . 从提高农学本科学生专业素质角度谈《作物育种学》实践教学 [J]. 安徽农业科学 ,2013(16):7379–7380.

[24] 曹永强 , 孙石 . 回交在转基因作物育种中的应用 [J]. 作物杂志 ,2014(1):9–14.

[25] 李志新 , 张文英 , 刘章勇 , 等 . 产学研合作模式下作物育种学教学改革探讨 [J]. 高等农业教育 ,2014(3):79–81.

[26] 王启柏 , 王守义 , 毕建杰 , 等 .《作物育种学》课程建设与实验教学改革 [J]. 实验科学与技术 ,2013,11(5):82–83,127.

[27] 陈绍江 . 作物育种工程化与工程化育种思考 [J]. 作物杂志 ,2013(6):1–4.

[28] 郭瑞林 , 关立 , 刘亚飞 , 等 . 作物育种中的同异现象及其研究 [J]. 湖北农业科学 ,2010(7):1734–1737,1767.

[29] 郭瑞林 , 刘亚飞 , 王景顺 , 等 . 同异理论及其在小麦育种中的应用 [J]. 麦类作物学报 ,2010,30(5):970–975.

[30] 吕文彦 , 吕香玲 , 肖木辑 , 等 . 面向专业方向的作物育种学课程体系构建 [J]. 高等农业教育 ,2010(9):50–52.

[31] 郑丽瑶 . 利用 CRISPR/Cas9 基因编辑技术优化作物育种 [J]. 福建热作科技 ,2019(2):40–44.

[32] 曹英杰 , 杨剑飞 , 王宇 . 全基因组关联分析在作物育种研究中的应用 [J]. 核农学报 ,2019(8):1508–1518.

[33] 卢碧霞 , 贺道华 , 冯永忠 . 农学专业认证背景下的 "作物育种学" 课程教学改革实践 [J]. 黑龙江教育 (高教研究与评估),2019(9):28–31.

[34] 姜龙 , 陈殿元 , 李开忠 , 等 . 应用型农业本科院校《作物育种学》课程教学改革实践与探索 [J]. 吉林农业 ,2019(18):81–82.

[35] 王后苗 . 作物育种学实验教学方法与学生创新能力培养的探讨 [J]. 河南农业 ,2019(27):27–28.